肉牛生态养殖一月通

曹玉凤　李秋凤　主编

中国农业大学出版社
·北京·

内容简介

本书分5章，较系统地介绍了肉牛规模化生态养殖投资效益分析、肉牛营养需要与生态饲料配制技术、肉牛的饲养管理与繁殖技术、肉牛生态育肥技术、肉牛场的卫生消毒与防疫技术。

图书在版编目(CIP)数据

肉牛生态养殖一月通/曹玉凤，李秋凤主编. —北京：中国农业大学出版社，2014.5

ISBN 978-7-5655-0934-6

Ⅰ.①肉…　Ⅱ.①曹…②李…　Ⅲ.①肉牛-生态养殖　Ⅳ.①S823.9

中国版本图书馆CIP数据核字(2014)第061334号

书　　名　肉牛生态养殖一月通

作　　者　曹玉凤　李秋凤　主编

策划编辑　赵　中　　**责任编辑**　洪重光

封面设计　郑　川　　**责任校对**　王晓凤　陈　莹

出版发行　中国农业大学出版社

社　　址　北京市海淀区圆明园西路2号　　**邮政编码**　100193

电　　话　发行部010-62818525，8625　　读者服务部010-62732336

编辑部010-62732617，2618　　出　版　部010-62733440

网　　址　http://www.cau.edu.cn/caup　　**E-mail**　cbsszs @ cau.edu.cn

经　　销　新华书店

印　　刷　北京时代华都印刷有限公司

版　　次　2014年5月第1版　2014年5月第1次印刷

规　　格　850×1 168　32开本　7.5印张　186千字

定　　价　16.00元

主　　编　曹玉凤　李秋凤

副 主 编　高玉红　袁万哲　芦春莲

编写人员　（以姓氏笔画为序）

于春起　于海川　王美美　余文莉
张　杰　李春芳　李秋凤　芦春莲
赵驻军　赵晓静　赵慧秋　袁万哲
高玉红　曹玉凤

前 言

我国是第三大牛肉生产国，仅次于美国、巴西。据《中国畜牧业年鉴2011》数字，2010年全国肉牛存栏6 738.9万头，牛出栏4 716.8万头，牛肉产量653.07万吨。随着养牛业的快速发展，粪便污染已成为一大难题，据有关资料显示，有些地方牛粪对环境的污染已超过了工业污染的总量，有的甚至高达2倍以上。一头肉牛每年产生的粪便为5～6吨。由于各地对牛粪的处理普遍重视不够，导致牛粪到处乱堆乱放，对周边居民的正常生活造成不良影响，同时牛粪又是多种细菌病原体滋生繁殖的源头，对人畜有着严重的影响。随着人民健康意识的加强，对牛肉安全要求以及生态环境保护的要求不断提高，肉牛业规模化经营、生态养殖与环境可持续发展成为我国肉牛发展的必然趋势。

为适应我国肉牛规模化生态养殖的新形势，我们编写了《肉牛生态养殖一月通》一书，以供同行参阅。本书分5章，较系统地介绍了肉牛规模化生态养殖投资效益分析、肉牛营养需要与生态饲料配制技术、肉牛的饲养管理与繁殖技术、肉牛生态育肥技术、肉牛场的卫生消毒与防疫技术。

因作者水平所限，书中缺点和不足之处，敬请读者批评指正。

编 者

2014年2月

目　录

第一章　肉牛规模化生态养殖投资效益分析

导　读　肉牛规模化生态养殖，主要是通过肉牛标准化养殖配套技术，改善肉质风味，保障食品安全，提高我国肉牛产品质量，增强产品的国际市场竞争力，提高肉牛养殖的经济效益；通过对肉牛排泄物进行综合处理，减少环境污染，提高资源利用率，实现肉牛养殖业的可持续发展。对增加养殖收入，促进我国社会经济发展，满足人民生活需要，增加外汇收入和实现肉牛业“优质、高效、安全、生态”的目标具有重要的意义。

第一节　肉牛规模化生态养殖的意义

改革开放以来，我国肉牛业发展迅速，2007 年，我国的牛肉产量已达到 700 万吨，比改革开放初的 1980 年增长了近 12 倍，但与国外发达国家比较，我国城乡居民的牛肉消费量仍然很低。美国、加拿大等国家牛肉年人均消费量高达 40～60 千克，欧盟国家为 20～30 千克，而我国尚不及世界平均水平的一半。国内外的实践都表明，随着人们生活水平和收入的提高，牛肉消费量将呈逐步增加的趋势。我国当前正处于经济快速发展的阶段，随着小康社会和社会主义新农村的建设，人们对牛肉的需求量将越来越大，肉牛业迫切需要加快发展步伐，但以往的传统养殖模式已经不适应建设社会主义新农村的要求，迫切需要转变养殖方式，进行规模化生态养殖。

我国目前的肉牛养殖多数是单纯追求产量和经济效益的掠夺生产模式，不仅无法做到高产高效，反而造成了养殖环境自身的恶化，同时还对自然环境造成了较为严重的影响。虽然，我国已经成为牛肉生产大国，但远不是牛肉生产强国，更不是牛肉出口大国，高档牛肉还主要依赖进口。这是由于我国肉牛生产中存在良种抗逆性差、饲草饲料品质差、投入品及产品药残超标、饲养管理水平低、牛肉品质低下、生产效率低等难题所致。我国加入 WTO 后，牛肉面临越来越强大的国际竞争。同时，发达国家还纷纷采取技术壁垒限制别国牛肉的进口，不仅要求肉质要好，还要求安全无公害。面对日趋加剧的国际竞争压力，我国肉牛业只有走健康生态循环养殖的标准化道路，生产出优质安全的牛肉，才能立足于国际市场。

通过肉牛规模化生态养殖，实施肉牛生态养殖配套技术，改善肉质风味，保障食品安全；通过对肉牛排泄物进行综合处理，减少污染，提高资源利用率，可以迅速提高我国肉牛产品质量，增强产品的国际市场竞争力，提高肉牛养殖的经济效益；通过标准化养殖和粪污处理，降低环境污染，提高肉牛养殖的生态效益，实现肉牛养殖业的可持续发展。对增加农民收入，促进我国社会经济发展，满足人民生活需要，增加外汇收入和实现肉牛业“优质、高效、安全、生态”的目标具有重要的意义。

第二节　肉牛规模化生态养殖的模式

生态肉牛生产模式是利用生态学、生态经济学、系统工程和清洁生产思想、理论和方法进行肉牛业生产的过程，其目的在于达到保护环境、资源永续利用的同时生产优质的牛肉。生产模式的特点是在肉牛业全程生产过程中，既要体现生态学和生态经济学的理论，同时也要充分利用清洁生产工艺，从而达到生产优质、无污染和健康的牛肉产品；其模式的成功关键在于实现饲料基地、饲料及饲料生产、养殖及生物环境控制、废弃物综合利用及粪便循环利用等环节能够清洁生产，实现无废弃物或少废弃物生产过程。

肉牛规模化生态养殖场生产模式主要特点是以大规模肉牛养殖为主，但缺乏相应规模的饲料粮（草）生产基地和粪便消纳土地场所，因此需要通过一系列生产技术措施和环境工程技术进行环境治理，最终生产优质牛肉产品。

第三节　肉牛规模化生态养殖的效益分析

河北盐山县益民养殖服务有限公司，成立于 1997 年，现已发展成为沧州市规模最大的集肉牛生态规模养殖、饲料生产销售、黄牛杂交改良繁育、肉牛屠宰加工、养殖综合服务、养殖技术培训于一体的畜牧业综合企业。下设“河北犇腾牧业有限公司”和“沧州益民牧业有限公司”两家子公司，并组织成立了“盐山县益民养牛专业合作社”。拥有 3 个规模化肉牛养殖基地，1 座饲料加工厂，1 个肉牛屠宰厂，1 处养殖综合服务中心，1 座大型沼气发电站和 20 个黄牛改良站。益民养牛专业合作社已发展社员 869 户，遍布盐山县的 12 个乡镇，公司与农户相互依托、合作共赢。

该公司主营业务肉牛养殖与屠宰加工，主导产品“渤海金牛”牌无公害肉牛及牛肉。2005 年被评为“河北省扶贫龙头企业”；2008 年被评为“国家扶贫龙头企业”；2007—2009 年连续 3 年被评为“沧州市农业产业化经营重点龙头企业”；2010 年被评为“河北省农业产业化重点龙头企业”。益民养牛专业合作社，2008 年被评为“沧州市农民专业合作社示范社”，2010 年 11 月被评为“河北省农民专业合作社示范社”，是农业部“2011 年肉牛标准化养殖示范场”。本场建设高起点、严要求，各种生产设施设备先进齐全，自动化程度高，目前可存栏肉牛 3 000 多头。2009 年，公司实施了国家财政补助的大型沼气池项目，投资 400 万元，建起了 1 000 米^{3}的地上搪瓷钢板结构的、具有领先水平的大型沼气池，日产沼气 1 000 米^3。引进深圳康达环保科技有限公司生产的、达到国际先进水平的沼气发电机组，日发电量 1 500 千瓦，成为沧州市沼气发电最成功的先例。2010 年，公司又投资建起了现代化肉牛屠宰加工厂，将养牛基地与合作社社员饲养出栏的肥牛，按照穆斯林教规，利用先进的屠宰加工流水线，采用胴体嫩化与精细分割技术，加工成“渤海金牛”牌优质牛肉产品，有效地提高了肉牛的附加值。

一、生态养牛综合效益情况

益民公司投身养殖业，通过 13 年的发展历程，现已发展到总存栏肉牛 4 000 头；年出栏肥牛 6 000 头；年产有机肥 15 000 米^3；年生产饲料 10 000 吨；年消化农作物秸秆 20 000 吨；年产沼气 36 万米^3；年发电量 54 万千瓦；年屠宰肉牛 10 000 头；年配种母牛 10 000 多头的生产能力，完善了肉牛养殖链条，提高了公司的经济效益（不计饲料销售利润、黄牛改良利润、屠宰加工按公司年出栏量算）。

1. 肉牛养殖效益

按照 2010 年价格饲养西门塔尔杂交肉牛，购进架子牛平均体重 300 千克，市场价格 15.6 元/千克，饲养 7.5 个月出栏（日增重 1.11 千克）。出栏肥牛平均体重 550 千克，价格 15.2 元/千克。按

50%的出栏量3 000头/年效益如下：

收入:卖牛收入15.2元/千克×550千克/头＝8 360元/头;卖粪收入60元/米^3×5米^3/头＝300元/头。

合计:8 660元/头×3 000头＝ 25 980 000元。

支出:买牛款15.6元/千克×300千克/头＝4 680元/头;精饲料款1 000千克/头×2.6元/千克＝2 600元/头,青贮饲草款3 350千克/头 ×0.1元/千克＝335元/头,水电费20元/头,人工费125元/头,防疫灭菌费20元/头,折旧费80元/头,管理费20元/头,其他支出20元/头。

合计:7 900元/头×3 000头＝23 700 000元。

养牛利润:25 980 000元－23 700 000元＝2 280 000元。

2.屠宰加工效益情况

屠宰加工厂所宰杀的肥牛全部来自本公司养牛基地及养牛合作社。公司诚信经营,绝不饲喂违禁药品,绝不注水掺假,所生产的“渤海金牛”牌牛肉系列产品,以高出市场普通牛肉1.5～7.5元/千克(不同档次产品)的价格销往上海、山东、云南、江苏等省市,产品销售畅通。

产品按公司外销价格计算屠宰效益,平均净利润为480元/头。年屠宰量以3 000头计算效益如下：

全年屠宰净利润:480元/头×3 000头 ＝1 440 000元

3.沼气发电效益估算

该公司养殖场内建设有大型沼气发电工程,有效转化和利用养殖过程所产生的废弃物,降低自然资源的消耗,开发再生新能源。只需一名技术人员在兼职的情况下操作管理。该场区有热水深机井一眼,为沼气池常年提供35℃的温水。此外,还将沼气发电过程中产生的热量,综合回收导入沼气发酵罐,不需再消耗其他能源,就能保证沼气池常年运行。沼气发电站日消化鲜牛粪15

吨，日产沼渣5.5吨，用于加工有机肥；日产沼液36吨，用于加工叶面肥或销售给农户施入农田；日产沼气约1 000米^3，可发电1 500千瓦。效益如下：

收入：发电价值0.8元/度×1 500度=1 200元；沼渣，100元/吨×5.5吨 = 550元；沼液，10元/吨×36吨=360元。

合计：1 200元+ 550元 + 360元 = 2 110元。

支出：牛粪60元/吨×15吨=900元；人工900元；修理费20元；其他费用30元。

合计：900元+900元+20元+30元=1 850元。

年利润：(2 110元/天-1 850元/天)×360天 = 93 600元。

本公司生态养牛综合效益：

年利润总额=养牛利润+屠宰利润+沼气发电利润
=2 280 000元+1 440 000元+93 600元
=3 813 600元

此外，养牛行业是国家批准的免税行业，该公司所屠宰的肥牛，全部来源于该场的养牛基地及合作社，不外购肥牛。屠宰加工环节也符合国家惠农的免税政策。所以，比较可观的利润基本能够满足公司的持续发展。

二、生态养牛的经验

1.发展集养殖、加工、销售、餐饮为一体的全产业链现代化肉牛产业集团，实现可持续发展

目前，我国肉牛业正处在转型阶段，小规模散养户将逐渐退出市场。随着国际市场一体化的发展，国外牛肉的大量进口，劳动力价格以及饲料原料价格的不断攀升，养牛利润会逐渐缩水。养牛企业要想在多重压力的情况下实现发展，走集养殖、加工、销售、餐

饮为一体的全产业链现代化之路，延长产业链，实现可持续发展，在同等的市场条件下，争取更大的养殖效益。河北盐山县益民养殖服务有限公司 2011 年又成立了餐饮公司，目前运营状况良好。

2.严格制度、精细管理是实现目标的保障

随着肉牛规模化养殖的发展，能否做好疫病防预，饲养成本控制，养殖精细化管理，关系着企业的生死存亡。因此，提升从业人员的技术水平，强化养殖管理制度，做到部门之间各负其责协调发展，各生产环节管理不出漏洞，不形成交叉。才能将繁琐连续的养殖生产管理到位，实现规模化养殖的预定利润目标。

3.完整的产业化经营是抗风险促发展的有效途径

本行业周期长、风险大、利润薄。气候环境、市场行情、传染病等很多因素，随时都可能将微薄的养殖利润夺走。要想规避风险，就需要拉长产业经营链条，提高在架子牛采购、饲料等原材料储备、育肥牛终端产品增值等养殖各环节的市场竞争力，增加养殖安全系数。可保证经营过程中这环节无利润，那环节有利润或利润大，确保企业平稳发展。

4.联合农户保护母牛资源，促进肉牛产业可持续发展

为了保护农户饲养母牛的积极性，也为益民养牛基地提供良种牛犊资源。该公司充分利用自身的产业优势，遍布全县的黄牛改良服务网络，整合县域内千家万户的母牛资源。按照合作社的组织模式，由公司牵头组织成立了“良种牛繁育合作社”，并组建了合作社管理委员会。合作社法人代表王俊杰担任理事长，县合作社主管部门及畜牧局主管领导任合作社监事，各改良站负责人出任合作社理事，共同拟订了“公司”、“改良站”、“农户”的三方合作合同，制定了管理制度并监督执行。

在合作经营中，公司负责合作社的业务管理，肉用良种牛冻精细管的供应工作，以高出市场平均价 0.5 元/千克的价格，收购农

户社员饲养的改良牛犊，在益民养牛基地集中育肥；各改良站按合同履行合作社理事的职责，组织吸纳服务区内的养牛户加入合作社，指导社员签订“肉用良种牛繁育收购合同”，做好所辖片区社员的组织管理、配种防疫、产前产后的跟踪服务，并协助公司与农户完成改良牛犊的收购工作。在利益诱导与合同制约的前提下，各方分工明确、恪尽职守、互惠互利、合作共赢。目前，农户入社养牛积极性高，合作社运转正常，发展前景良好。

第四节 肉牛引种

一、引种的原则

(1)生产性能高 引进肉牛时既要考虑肉牛的生长速度，缩短出栏时间和提高出栏体重，又要考虑育肥牛的肉质。如果引进国外牛与地方牛的杂交品种，应从良种肉牛站购进西门塔尔、利木赞、夏洛来、海福特等杂交良种牛。如果引进国内地方优良品种牛，应选择国内地方黄牛中体型大、肉用性能好的培育品种，如陕西省渭南市临渭区的秦川牛、河南省南阳县的南阳牛等。

(2)适应当地的生产环境 对要引进的肉牛品种产地的饲养方式、气候和环境条件进行分析，并与引进地进行比较。对采购地进行调研，注意产地的气温、饲草料质量、气候等环境条件，以便相应调整运输与运达后的饲养管理措施。

(3)禁止从疫区购牛 购牛前，应调查拟购地区的疫病发生情况，禁止从疫区购牛。牛常见传染病有口蹄疫、结核病、布病、牛病毒性腹泻/黏膜病、牛传染性鼻气管炎等。

二、引种应注意的问题

(1)要了解品种特性　对引入品种要掌握其外貌特征、饲养管理要点和抗病能力，符合品种标准质量要求，并有当地畜牧主管部门颁发的种畜禽生产经营许可证。

(2)要做好引牛前的准备工作　包括运牛车辆、圈舍消毒、饲料、疫苗、人员等。运输车辆用1%烧碱消毒，并准备好饲草、饮水工具、铁锹等。

(3)选择健康牛　应选来源清晰的健康牛。营养与精神状态良好，无精神委靡、被毛杂乱、毛色发黄、步态蹒跚、喜欢独蹲墙角或卧地不起、发热、咳嗽、腹泻等临床发病症状。应查验免疫记录，确保拟购牛处于口蹄疫等疫苗的免疫保护期内。规模引牛，应派兽医人员同往选购。

(4)严格执行动物检疫制度　肉牛场和养牛户买牛时，一定要从非疫区购买。装车前，必须经过当地动物防疫监督机构实施检疫，并取得合格的检疫证明，方可启运。保证引进的牛只健康无疫。

(5)检疫可按照国家颁发的《家畜家禽防疫条例》中有关规定执行　必须对口蹄疫、结核病、布氏杆菌病、地方流行性牛白血病、副结核病、肉牛传染性胸膜肺炎、牛传染性鼻气管炎和黏膜病等进行检疫。

(6)运输前饲喂与分群　运前3～4小时停喂具有轻泻性的青贮饲料、麸皮、鲜草和易发酵饲料如饼类和豆科草类。少喂精料，半饱，不过量饮水。运前2小时可每头牛补口服盐溶液(氯化钠3.5克、氯化钾1.5克、碳酸氢钠2.5克、葡萄糖20克，加凉开水至1 000毫升)2～3升。为了保证牛群在运输途中不发生意外,应按大小、强弱分群。

(7)运输汽车　护栏高度应不低于1.4米,装车前给车上铺一层沙土防滑或均匀铺垫熏蒸消毒过、厚度20～30厘米以上的干草或草垫防滑。应有防晒、防风、挡雨设施。装车密度适当,如用车身长度12米汽车运输未成年牛(300千克左右),在春、秋季每车装21～26头为宜,夏季每车装18～21头为宜。对牛进行适当固定,以减少开车前和刹车时肉牛站立不稳造成的事故。

(8)运输　天气炎热时,应在傍晚起运,运输车要通风良好,途中车辆尽量减少急刹车,尽可能缩短运输时间,随车必须配备有经验的饲养员或兽医人员,以应付突发事件。长距离运输还应尽可能携带饲草和饮水。冬天启运,还应考虑当时天气,做好抗风寒准备。运输途中,不准在疫区停留和装填草料、饮水及其他相关物资,押解员应经常观察牛的健康状况,发现异常及时与当地动物防疫监督机构联系,按有关规定处理。

(9)进场后管理　对购入的牛,进行全身消毒,方可入场内,打开车门,搭一木板或就斜坡让牛自行慢慢走下车。但仍要隔离在200～300米以外的地方,在隔离场观察20～35天,在此期间进行群体、个体检疫,进一步确认引进肉牛体质健康后,再并群饲养。牛进圈后休息1.5～2小时,然后给少量饮水或补口服盐溶液2～3升,给少量优质干草。切勿暴饮暴食。过渡期第1周以粗饲料为主,略加精料,第2周开始逐渐加料至正常水平。

思考题

1.肉牛规模化生态养殖的意义是什么?

2.怎样进行肉牛规模化生态养殖?

3.引入我国的主要国外肉用及兼用牛品种有哪些?主要的外

貌特征和生产性能是什么？

4.我国自己培育的肉用及兼用牛品种有哪些？主要的外貌特征和生产性能是什么？

5.我国著名的黄牛品种都有哪些？主要的外貌特征和生产性能是什么？

6.引种的原则是什么？应注意哪些问题？

第二章　肉牛营养需要与生态饲料配制技术

导　　读　本章简要介绍肉牛不同生理阶段的干物质、能量、粗蛋白、矿物质、维生素和水的需要量；较详细地阐述生态饲料的概念、肉牛饲料的种类及饲料配制技术。

第一节　肉牛的营养需要

一、干物质

肉牛日粮必须保持一定的干物质采食量，来满足其营养需要。许多试验表明，如果满足肉牛的营养需要但干物质供给不足，不仅不能充分发挥肉牛的生产能力，而且消化障碍增多。

干物质进食量受体重、增重水平、饲料能量浓度、日粮类型、饲料加工、饲养方式和气候等因素的影响。根据国内饲养试验结果，参考计算公式如下：

(1)生长育肥牛　干物质进食量(千克)＝0.062$W^{0.75}$(千克)＋[1.529 6＋0.003 71×体重(千克)]×日增重(千克)。

(2)妊娠后期母牛　干物质进食量(千克)＝0.062$W^{0.75}$(千克)＋(0.790＋0.005 587×妊娠天数)。

二、能量

能量是肉牛营养的重要基础，它是构成体组织，维持生理功能和增加体重的主要原料。牛所需的能量除用于维持需要外，多余的能量用于生长和繁殖。肉牛所需要的能量来源于饲料中的碳水化合物、脂肪和蛋白质。最重要的能源是从饲料中的碳水化合物(粗纤维、淀粉等)在瘤胃的发酵产物——挥发性脂肪酸中取得的。脂肪的能量虽然比其他养分高两倍以上，但作为饲料中的能源来说并不占主要的地位。蛋白质也可以产生能量，但是从资源的合理利用及经济效益考虑，用蛋白质供能是不适宜的，在配制日粮时尽可能以碳水化合物提供能量是经济的。

当能量水平不能满足动物需要时，则生产力下降，健康状况恶化，饲料能量的利用率降低(维持比重增大)。生长期牛能量不足，则生长停滞。动物能量营养水平过高对生产和健康同样不利。能量营养过剩，可造成机体能量大量沉积(过肥)，繁殖力下降。由此不难看出，合理的能量营养水平对提高牛能量利用效率，保证牛的健康，提高生产力具有重要的实践意义。

1.维持的能量需要

维持能量需要是维持生命活动，包括基础代谢、自由运动、保持体温等所需要的能量。维持能量需要与代谢体重($W^{0.75}$)成比例，计算公式：

$$NE_{m}(\text{千焦})=322W^{0.75}$$

肉牛的维持能量需要以牛在无应激的环境下活动最少的能量需要为标准。维持能量需要受性别、品种、年龄、环境等因素的影响，这些因素的影响程度可达3%～14%。我国饲养标准推荐，当气温低于 12℃时，每降低 1℃，维持能量需要增加 1%。

2. 增重的能量需要

增重能量需要是由增重时所沉积的能量来确定，包括肌肉、骨骼、体组织、体脂肪的沉积等。我国饲养标准对生长肉牛增重净能的计算公式：

$$增重净能(千焦)=\Delta W(2\ 092+25.1W)/(1-0.3\Delta W)$$

式中：W 为体重，ΔW 为日增重(千克)。对生长母牛增重净能的计算是在计算公式的基础上增加 10%。

3. 妊娠母牛的能量需要

根据国内 78 头母牛饲养试验结果，在维持净能需要的基础上，不同妊娠天数每千克胎儿增重的维持净能为：

$$NE_{m}(兆焦)=0.197\ 769t-11.761\ 22$$

式中：t 为妊娠天数。

$$不同妊娠天数不同体重母牛的胎儿日增重(千克)=(0.008\ 79t-0.854\ 54)\times(0.143\ 9+0.000\ 355\ 8W)$$

式中：W 为母牛体重(千克)。

由上述两式可计算出不同体重母牛妊娠后期各月胎儿增重的维持净能需要，再加母牛维持净能需要，即为总的维持净能需要。总的维持净能需要乘以 0.82 即为综合净能(NE_{mf})需要量。

4. 哺乳母牛能量需要

泌乳的净能需要按每千克 4%乳脂率的标准乳含 3.138 兆焦计算：

$$维持能量需要(兆焦)=0.322W^{0.75}(千克)$$

二者之和经校正后即为综合净能需要。

生长肥育牛对能量的需要量见表 2-1。

表 2-1　生长肥育牛的营养需要

体重/千克	日增重/千克	干物质/千克	肉牛能量单位(RND)/个	综合净能/兆焦	粗蛋白质/克	钙/克	磷/克
150	0	2.66	1.46	11.76	236	5	5
	0.3	3.29	1.87	15.10	377	14	8
	0.4	3.49	1.97	15.90	421	17	9
	0.5	3.70	2.07	16.74	465	19	10
	0.6	3.91	2.19	17.66	507	22	11
	0.7	4.12	2.30	18.58	548	25	12
	0.8	4.33	2.45	19.75	589	28	13
	0.9	4.54	2.61	21.05	627	31	14
	1.0	4.75	2.80	22.64	665	34	15
	1.1	4.95	3.02	24.35	704	37	16
	1.2	5.16	3.25	26.28	739	40	16
175	0	2.98	1.63	13.18	265	6	6
	0.3	3.63	2.09	16.90	403	14	9
	0.4	3.85	2.20	17.78	447	17	9
	0.5	4.07	2.32	18.70	489	20	10
	0.6	4.29	2.44	19.71	530	23	11
	0.7	4.51	2.57	20.75	571	26	12
	0.8	4.72	2.79	22.05	609	28	13
	0.9	4.94	2.91	23.47	650	31	14
	1.0	5.16	3.12	25.23	686	34	15
	1.1	5.38	3.37	27.20	724	37	16
	1.2	5.59	3.63	29.29	759	40	17
200	0	3.30	1.80	14.56	293	7	7
	0.3	3.98	2.32	18.70	428	15	9
	0.4	4.21	2.43	19.62	472	17	10
	0.5	4.44	2.56	20.67	514	20	11
	0.6	4.66	2.69	21.76	555	23	12
	0.7	4.89	2.83	22.89	593	26	13
	0.8	5.12	3.01	24.31	631	29	14
	0.9	5.34	3.21	25.90	669	31	15

续表 2-1

体重/千克	日增重/千克	干物质/千克	肉牛能量单位(RND)/个	综合净能/兆焦	粗蛋白质/克	钙/克	磷/克
	1.0	5.57	3.45	27.82	708	34	16
	1.1	5.80	3.71	29.96	743	37	17
	1.2	6.03	4.00	32.30	778	40	17
225	0	3.60	1.87	15.10	320	7	7
	0.3	4.31	2.56	20.71	452	15	10
	0.4	4.55	2.69	21.76	494	18	11
	0.5	4.78	2.83	22.89	535	20	12
	0.6	5.02	2.98	24.10	576	23	13
	0.7	5.26	3.14	25.36	614	26	14
	0.8	5.49	3.33	26.90	652	29	14
	0.9	5.73	3.55	28.66	691	31	15
	1.0	5.96	3.81	30.79	726	34	16
	1.1	6.20	4.10	33.10	761	37	17
	1.2	6.44	4.42	35.69	796	39	18
250	0	3.90	2.20	17.78	346	8	8
	0.3	4.64	2.81	22.72	475	16	11
	0.4	4.88	2.95	23.85	517	18	12
	0.5	5.13	3.11	25.10	558	21	12
	0.6	5.37	3.27	26.44	599	23	13
	0.7	5.62	3.45	27.82	637	26	14
	0.8	5.87	3.65	29.50	672	29	15
	0.9	6.11	3.89	31.38	711	31	16
	1.0	6.36	4.18	33.72	746	34	17
	1.1	6.60	4.49	36.28	781	36	18
	1.2	6.85	4.84	39.08	814	39	18
275	0	4.19	2.40	19.37	372	9	9
	0.3	4.96	3.07	24.77	501	16	12
	0.4	5.21	3.22	25.98	543	19	12
	0.5	5.47	3.39	27.36	581	21	13
	0.6	5.72	3.57	28.79	619	24	14
	0.7	5.98	3.75	30.29	657	26	15

续表 2-1

体重/千克	日增重/千克	干物质/千克	肉牛能量单位(RND)/个	综合净能/兆焦	粗蛋白质/克	钙/克	磷/克
	0.8	6.23	3.98	32.13	696	29	16
	1.0	6.74	4.55	36.74	766	34	17
	1.1	7.00	4.89	39.50	798	36	18
	1.2	7.25	5.26	42.51	834	39	19
300	0	4.47	2.60	21.00	397	10	10
	0.3	5.26	3.32	26.78	523	17	12
	0.4	5.53	3.48	28.12	565	19	13
	0.5	5.79	3.66	29.58	603	21	14
	0.6	6.06	3.86	31.13	641	24	15
	0.7	6.32	4.06	32.76	679	26	15
	0.8	6.58	4.31	34.77	715	29	16
	0.9	6.85	4.58	36.99	750	31	17
	1.0	7.11	4.92	39.71	785	34	18
	1.1	7.38	5.29	42.68	818	36	19
	1.2	7.64	5.60	45.98	850	38	19
325	0	4.75	2.78	22.43	421	11	11
	0.3	5.57	3.54	28.58	547	17	13
	0.4	5.84	3.72	30.04	586	19	14
	0.5	6.12	3.91	31.59	624	22	14
	0.6	6.39	4.12	33.26	662	24	15
	0.7	6.66	4.36	35.02	700	26	16
	0.8	6.94	4.60	37.15	736	29	17
	0.9	7.21	4.90	39.54	771	31	18
	1.0	7.49	5.25	42.43	803	33	18
	1.1	7.76	5.65	45.61	839	36	19
	1.2	8.03	6.08	49.12	868	38	20
350	0	5.02	2.95	23.85	445	10	12
	0.3	5.87	3.76	30.38	569	18	14
	0.4	6.15	3.95	31.92	607	20	14
	0.5	6.43	4.16	33.60	645	22	15
	0.6	6.72	4.38	35.40	683	24	16

续表 2-1

体重/千克	日增重/千克	干物质/千克	肉牛能量单位(RND)/个	综合净能/兆焦	粗蛋白质/克	钙/克	磷/克
	0.7	7.00	4.61	37.24	719	27	17
	0.8	7.28	4.89	39.50	757	29	17
	0.9	7.57	5.21	42.05	789	31	18
	1.0	7.85	5.59	45.15	824	33	19
	1.1	8.13	6.01	48.53	857	36	20
	1.2	8.41	6.47	52.26	889	38	20
375	0	5.28	3.13	25.27	469	12	12
	0.3	6.16	3.99	32.22	593	18	14
	0.4	6.45	4.19	33.85	631	20	15
	0.5	6.74	4.41	35.61	669	22	16
	0.6	7.03	4.65	37.53	704	25	17
	0.7	7.32	4.89	39.50	743	27	17
	0.8	7.62	5.19	41.88	778	29	18
	0.9	7.91	5.52	44.60	810	31	19
	1.0	8.20	5.93	47.87	845	33	19
	1.1	8.49	6.26	50.54	878	35	20
	1.2	8.79	6.75	54.48	907	38	21
400	0	5.55	3.31	26.74	492	13	13
	0.3	6.45	4.22	34.06	613	19	15
	0.4	6.76	4.43	35.77	651	21	16
	0.5	7.06	4.66	37.66	689	23	17
	0.6	7.36	4.91	39.66	727	25	17
	0.7	7.66	5.17	41.76	763	27	18
	0.8	7.96	5.49	44.31	798	29	19
	0.9	8.26	5.64	47.15	830	31	19
	1.0	8.56	6.27	50.63	866	33	20
	1.1	8.87	6.74	54.43	895	35	21
	1.2	9.17	7.26	58.66	927	37	21
425	0	5.80	3.48	28.08	515	14	14
	0.3	6.73	4.43	35.77	636	19	16
	0.4	7.04	4.65	37.57	674	21	17

续表 2-1

体重/千克	日增重/千克	干物质/千克	肉牛能量单位(RND)/个	综合净能/兆焦	粗蛋白质/克	钙/克	磷/克
	0.5	7.35	4.90	39.54	712	23	17
	0.6	7.66	5.16	41.67	747	25	18
	0.7	7.97	5.44	43.89	783	27	18
	0.8	8.29	5.77	46.57	818	29	19
	0.9	8.60	6.14	49.58	850	31	20
	1.0	8.91	6.59	53.22	886	33	20
	1.1	9.22	7.09	57.24	918	35	21
	1.2	9.35	7.64	61.67	947	37	22
450	0	6.06	3.63	29.33	538	15	15
	0.3	7.02	4.63	37.41	659	20	17
	0.4	7.34	4.87	39.33	697	21	17
	0.5	7.66	5.12	41.38	732	23	18
	0.6	7.98	5.40	43.60	770	25	19
	0.7	8.30	5.69	45.94	806	27	19
	0.8	8.62	6.03	48.74	841	29	20
	0.9	8.94	6.43	51.92	873	31	20
	1.0	9.26	6.90	55.77	906	33	21
	1.1	9.58	7.42	59.96	938	35	22
	1.2	9.90	8.00	64.60	967	37	22
475	0	6.31	3.79	30.63	560	16	16
	0.3	7.30	4.84	39.08	681	20	17
	0.4	7.63	5.09	41.09	719	22	18
	0.5	7.96	5.35	43.26	754	24	19
	0.6	8.29	5.64	45.61	789	25	19
	0.7	8.61	5.94	48.03	825	27	20
	0.8	8.94	6.31	51.00	860	29	20
	0.9	9.27	6.72	54.31	892	31	21
	1.0	9.60	7.22	58.32	928	33	21
	1.1	9.93	7.77	62.76	957	35	22
	1.2	10.26	8.37	67.61	989	36	23

续表 2-1

体重/千克	日增重/千克	干物质/千克	肉牛能量单位(RND)/个	综合净能/兆焦	粗蛋白质/克	钙/克	磷/克
500	0	6.56	3.59	31.92	582	16	16
	0.3	7.58	5.04	40.71	700	21	18
	0.4	7.91	5.30	42.84	738	22	19
	0.5	8.25	5.58	45.10	776	24	19
	0.6	8.59	5.88	47.53	811	26	20
	0.7	8.93	6.20	50.08	847	27	20
	0.8	9.27	6.58	53.18	882	29	21
	0.9	9.61	7.01	56.65	912	31	21
	1.0	9.94	7.53	60.88	947	33	22
	1.1	10.28	8.10	65.48	979	34	23
	1.2	10.62	8.73	70.54	1 011	36	23

三、蛋白质

蛋白质是生命的重要物质基础。它主要由碳、氢、氧、氮 4 种元素组成，有些蛋白质还含有少量的硫、磷、铁、锌等。蛋白质是三大营养物质中唯一能提供牛体氮素的物质。因此，它的作用是脂肪和碳水化合物所不能代替的。常规饲料分析测得的蛋白质包括真蛋白质和氨化物，通常称粗蛋白质，其数值等于样品总含氮量乘以 6.25。

蛋白质是维持正常生命活动，修补和建造机体组织、器官的重要物质，如肌肉、内脏、血液、神经、毛等都是由蛋白质作为结构物质而形成的。蛋白质还是体内多种生物活性物质的组成部分，如牛体内的酶、激素、抗体等都是以蛋白质为原料合成的；蛋白质是形成牛产品的重要物质，如肉、乳的主要成分都是蛋白质。

当日粮中缺乏蛋白质时，幼龄牛生长缓慢或停止，体重减轻，成年牛体重下降。长期缺乏蛋白质，还会发生血红蛋白减少的贫血症；当血液中免疫球蛋白数量不足时，则牛抗病力减弱，发病率增加。蛋白质缺乏的牛，食欲不振，消化力下降，生产性能降低；日粮蛋白质不足还会影响牛的繁殖机能，如母牛发情不明显，不排卵，受胎率降低，胎儿发育不良，公牛精液品质下降。反之，过多地供给蛋白质，不仅造成浪费，而且还可能是有害的。蛋白质过多时，其代谢产物的排泄加重了肝、肾的负担，来不及排出的代谢产物可导致中毒。蛋白质水平过高，对繁殖也有不利影响，公牛表现为精子发育不正常，降低精子的活力及受精能力，母牛则表现为不易形成受精卵或胚胎的活力下降。

1. 生长肥育牛的粗蛋白质需要量

维持的粗蛋白质需要(克)$=5.5W^{0.75}$

增重的粗蛋白需要(克)$=\Delta W(168.07-0.16869W+0.0001633W^2)\times(1.12-0.1233\Delta W)/0.34$

式中：ΔW 为日增重(千克)，W 为体重(千克)。

2. 妊娠后期母牛的粗蛋白质需要

维持的粗蛋白质需要(克)$=4.6W^{0.75}$

在维持基础上粗蛋白质的给量，6 个月时 77 克，7 个月时 145 克，8 个月时 255 克，9 个月时 403 克。

3. 哺乳母牛的粗蛋白质需要

维持的粗蛋白质需要(克)$=4.6W^{0.75}$

生产需要按每千克 4%乳脂率标准乳需粗蛋白质 85 克。

不同肉牛对蛋白质的需要量见表 2-1。

四、矿物质

矿物质是维持体组织、细胞代谢和正常生理功能所必需的。

肉牛需要的矿物质元素至少有 17 种，包括常量元素钙、磷、钾、钠、氯、镁、硫等，微量元素包括钴、铜、碘、铁、锰、硒、锌、硒、钼等。

1. 钙和磷

钙和磷是牛体内含量最多的无机元素，是骨骼和牙齿的重要成分，约有 99%的钙和 80%的磷存在于骨骼和牙齿中。钙是细胞和组织液的重要成分，参与血液凝固，维持血液 pH 以及肌肉和神经的正常功能。磷是磷脂、核酸、磷蛋白的组成成分，参与糖代谢和生物氧化过程，形成含高能磷酸键的化合物，维持体内的酸碱平衡。

日粮中缺钙会使幼牛生长停滞，发生佝偻病。成年牛缺钙引起骨软症或骨质疏松症。泌乳母牛的乳热症由钙代谢障碍所致，由于大量泌乳使血钙急剧下降，甲状旁腺机能未能充分调动，未能及时释放骨中的钙贮补充血钙。此病常发生于产后，故亦称产后瘫痪。缺磷会使牛食欲下降，牛出现“异食癖”，如爱啃骨头、木头、砖块和毛皮等异物，牛的泌乳量下降。钙、磷对牛的繁殖影响很大。缺钙可导致难产、胎衣不下和子宫脱出。牛缺磷的典型症状是母牛发情无规律、乏情、卵巢萎缩、卵巢囊肿及受胎率低，或发生流产，产下生活力很弱的犊牛。高钙日粮可引起许多不良后果。因元素间的拮抗而影响锌、锰、铜等的吸收利用，因影响瘤胃微生物区系的活动而降低日粮中有机物质消化率等。日粮中过多的磷会引起母牛卵巢肿大，配种期延长，受胎率下降。日粮中钙、磷比例不当也会影响牛的生产性能及钙、磷在牛消化道的吸收。实践证明，理想的钙磷比是(1～2)∶1。

(1)钙　肉牛的钙需要量(克/天)＝[0.015 4×体重(千克)＋0.071×日增重的蛋白质(克)＋1.23×日产奶量(千克)＋0.013 7×日胎儿生长(克)]÷0.5。

(2)磷　肉牛的磷需要量(克/天)＝[0.028 0×体重(千克)＋0.039×日增重的蛋白质(克)＋0.95×日产奶量(千克)＋0.007 6×

日胎儿生长(克)]÷0.85。

2.钠与氯

钠与氯主要存在于体液中,对维持牛体内酸碱平衡、细胞及血液间渗透压有重大作用,保证体内水分的正常代谢,调节肌肉和神经的活动。氯参与胃酸的形成,为饲料蛋白质在真胃消化和保证胃蛋白酶作用所需的 pH 所必需。牛日粮中需补充食盐来满足钠和氯的需要。缺乏钠和氯,牛表现为食欲下降,生长缓慢,减重,泌乳下降,皮毛粗糙,繁殖机能降低。

肉牛的食盐给量应占日粮干物质的0.3%。牛饲喂青贮饲料时,需食盐量比饲喂干草时多;给高粗料日粮时要比喂高精料日粮时多;喂青绿多汁的饲料时要比喂枯老饲料时多。

3.镁

大约70%的镁存在于骨骼中。镁是碳水化合物和脂肪代谢中一系列酶的激活剂,它可影响神经肌肉的兴奋性,低浓度时可引起痉挛。泌乳牛较不泌乳牛对缺镁的反应更敏感。成年牛的低镁痉挛(亦称草痉挛或泌乳痉挛)最易发生的是放牧的泌乳母牛,尤其是放牧于早春良好草地采食幼嫩牧草时,更易发生。表现为泌乳量下降,食欲降低,兴奋和运动失调,如不及时治疗,可导致死亡。

肉牛镁的需要量占日粮0.16%。一般肉牛日粮中不用补充镁。

4.钾

钾在牛体内以红细胞内含量最多,具有维持细胞内渗透压和调节酸碱平衡的作用,对神经、肌肉的兴奋性有重要作用。另外,钾还是某些酶系统所需的元素。牛缺钾表现为食欲减退,毛无光泽,生长发育缓慢,异嗜,饲料利用率下降,产奶量减少。夏季给牛补充钾,可缓解热应激对牛的影响。

肉牛钾的需要量占日粮0.65%。一般肉牛日粮中不用补充钾。夏季给牛补充钾,可缓解热应激对牛的影响。高钾日粮会影响镁和钠的吸收。

5.硫

在牛体内主要存在于含硫氨基酸(蛋氨酸、胱氨酸和半胱氨酸)、含硫维生素(硫胺素、生物素)和含硫激素(胰岛素)中。硫是瘤胃微生物活动中不可缺少的元素,特别是对瘤胃微生物蛋白质合成,能将无机硫结合进含硫氨基酸和蛋白质中。牛日粮中添加尿素时,易发生缺硫。

肉牛硫的需要量占日粮0.16%。一般肉牛日粮中不用补充硫。但肉牛日粮中添加尿素时,易发生缺硫。缺硫能影响牛对粗纤维的消化率,降低氮的利用率。用尿素作为蛋白补充料时,一般认为日粮中氮和硫之比为15∶1为宜,例如每补100克尿素加3克硫酸钠。

6.铁、铜、钴

这3种元素都和牛体的造血机能有密切关系。铁是血红蛋白的重要组成成分。铁作为许多酶的组成成分,参与细胞内生物氧化过程。长期喂奶的犊牛常出现缺铁,发生低色素型小红细胞性贫血(血红蛋白过少及红细胞压积降低),皮肤和黏膜苍白,食欲减退,生长缓慢,体重下降,舌乳头萎缩。

铜促进铁在小肠的吸收,铜是形成血红蛋白的催化剂。铜是许多酶的组成成分或激活剂,参与细胞内氧化磷酸化的能量转化过程。铜还可促进骨和胶原蛋白的生成及磷脂的合成,参与被毛和皮肤色素的代谢,与牛的繁殖有关。缺铜时,牛易发生巨细胞性低色素型贫血,被毛褪色,犊牛消瘦,运动失调,生长发育缓慢,消化紊乱。牛缺铜还表现为体重减轻,产奶量下降,胚胎早期死亡,胎衣不下,空怀增多;公牛性欲减退,精子活力下降,受精率降低。牛也易受高铜的危害。牛对日粮中铜的最大耐受量为70~100毫克/千克,长期用高铜日粮喂牛对健康和生产性能不利,甚至引起中毒。

钴的主要作用是作为维生素 B_{12} 的成分，是一种抗贫血因子。牛瘤胃中微生物可利用饲料中提供的钴合成维生素 B_{12}。钴还与蛋白质、碳水化合物代谢有关，参与丙酸和糖原异生作用。钴也是保证牛正常生殖机能的元素之一。牛缺钴表现为食欲丧失，消瘦，黏膜苍白，贫血，幼牛生长缓慢，被毛失去光泽，生产力下降。缺钴直接影响牛的繁殖机能，表现为受胎率显著降低。缺钴的牛往往血铜降低，同时补充铜钴制剂，可显著提高受胎率。

肉牛铁的需要量为 50 毫克/千克日粮干物质，铜的需要量为 8 毫克/千克日粮干物质，钴的需要量为 0.10 毫克/千克日粮干物质。

7. 锌

锌是牛体内多种酶的构成成分，直接参与牛体蛋白质、核酸、碳水化合物的代谢。锌还是一些激素的必需成分或激活剂。锌可以控制上皮细胞角化过程和修复过程，是牛创伤愈合的必需因子，并可调节机体内的免疫机能，增强机体的抵抗力。日粮中缺锌时，牛食欲减退，消化功能紊乱，异嗜，角化不全，创伤难愈合，发生皮炎(特别是牛颈、头及腿部)，皮肤增厚，有痂皮和皲裂。产奶量下降，生长缓慢，唾液过多，瘤胃挥发性脂肪酸产量下降。公、母牛缺锌可使繁殖力受损害。

肉牛锌的需要量为 40 毫克/千克日粮干物质。

8. 锰

锰是许多参与碳水化合物、脂肪、蛋白质代谢酶的辅助因子。参与骨骼的形成，维持牛正常的繁殖机能。锰具有增强瘤胃微生物消化粗纤维的能力，使瘤胃中挥发性脂肪酸增多，瘤胃中微生物总量也增加。缺锰牛生长缓慢、被毛干燥或色素减退。犊牛出现骨变形和跛行，运动共济失调。缺锰导致公、母牛生殖机能退化，母牛不发情或发情不正常，受胎延迟，早产或流产；公牛发生睾丸萎缩，精子生成不正常，精子活力下降，受精能力降低。

肉牛锰的需要量为 40 毫克/千克日粮干物质。

9.碘

碘是牛体内合成甲状腺素的原料,在基础代谢、生长发育、繁殖等方面有重要作用。日粮中缺碘时,牛甲状腺增生肥大。幼牛生长迟缓,骨骼短小成侏儒型。母牛缺碘可导致胎儿发育受阻,早期胚胎死亡,流产,胎衣不下。公牛性欲减退,精液品质低劣。

肉牛碘的需要量为 0.25 毫克/千克日粮干物质。

10.硒

硒具有某些与维生素 E 相似的作用。硒是谷胱甘肽过氧化物酶的组成成分,能把过氧化脂类还原,保证生物膜的完整性。硒能刺激牛体内免疫球蛋白的产生,增强机体的免疫功能。硒为维持牛正常繁殖机能所必需。缺硒地区的牛常发生白肌病,精神沉郁,消化不良,运动共济失调。幼牛生长迟缓,消瘦,并表现出持续性腹泻。缺硒导致牛的繁殖机能障碍,胎盘滞留、死胎、胎儿发育不良等。公牛缺硒,精液品质下降。研究发现,补硒的同时补充维生素 E 对改善牛的繁殖机能比单补任何一种效果更好。

肉牛硒的需要量为 0.3 毫克/千克日粮干物质。

五、维生素

肉牛所需要的维生素主要来源于饲料和体内微生物合成,主要有脂溶性维生素和水溶性维生素 2 大类,具体包括:

1.脂溶性维生素

包括维生素 A、维生素 D、维生素 E 和维生素 K。在春夏季节牧草品质优良或秋冬季节有优质干草和青贮饲料的条件下,牛一般不会缺乏维生素 A、维生素 D 和维生素 E,同时牛瘤胃微生物能合成维生素 K,一般也不易缺乏。

(1)维生素 A　维生素 A 与视觉、骨骼的生长发育、繁殖有关;还能维持皮肤、消化道呼吸道和生殖泌尿系统上皮组织的正常;还与动物的免疫力有关。缺乏维生素A则食欲减退、生长受阻、干眼、夜盲、神经失调、繁殖力下降、流产、死胎、产盲犊等症状;维生素A过量可引起动物中毒,造成骨骼过度生长、听神经和视觉神经受影响、皮肤发炎等。

肉用牛维生素A需要量(数量/千克饲料干物质):生长育肥牛2 200国际单位(或5.5毫克胡萝卜素);妊娠母牛为2 800国际单位(或7.0毫克胡萝卜素);泌乳母牛为3 800国际单位(或9.75毫克胡萝卜素)。

(2)维生素D　其最基本的功能就是促进肠道钙、磷的吸收,提高血液钙和磷的水平,促进骨的钙化;影响巨噬细胞的免疫功能;还与肠黏膜细胞的分化有关。缺乏维生素D表现为骨软化症、骨质疏松症、佝偻病和产后瘫痪等;维生素D过量同样引起中毒,则血液钙过多,各种组织器官中都发生钙质沉着以及骨损伤,另外还有食欲丧失、失重等。

肉牛的维生素D需要量为每千克饲料干物质275国际单位。犊牛、生长牛和成年母牛每100千克体重需660国际单位维生素D。

(3)维生素E　又叫抗不育维生素,作为抗氧化剂维持细胞膜结构的完整和膜的通透性;与繁殖、肌肉代谢、体内物质代谢有关;维持毛细血管结构和神经系统正常功能,增强机体免疫力和抵抗力;改善肉质等。幼年犊牛缺乏维生素E的典型症状为白肌病或缺乏微量元素硒引起的,也可能二者都缺乏。通常肉牛饲料中不会缺乏,但在应激和免疫力较差时需补充维生素E。反刍动物中很少发现维生素E中毒的情况。

正常饲料中不缺乏维生素E。犊牛日粮中需要量为每千克干物质含15～60国际单位,成年牛正常日粮中含有足够的维生素E。

(4)维生素K　又叫止血维生素,其主要的作用是参与凝血活动，催化凝血酶原和凝血活素的合成；另外，还有参与骨骼的钙化、利尿、强化肝脏、降血压等功能。反刍动物的瘤胃微生物能合成大量的维生素 K_2，当牛采食发霉腐败的草木樨时，易发生双香豆素中毒，其结构与维生素 K 相似，但功能与维生素 K 拮抗，通常 2～3 周后才发病，症状为机体衰弱、步态不稳、运动困难、体温低、发抖、瞳孔放大、凝血时间变慢、皮下血肿或鼻孔出血等。

2. 水溶性维生素

包括 B 族维生素和维生素 C。B 族维生素主要包括维生素 B_1、维生素 B_2、维生素 B_3、维生素 B_5、维生素 B_6、维生素 B_{12}、叶酸、生物素等，它们都作为细胞酶的辅酶或辅基的成分参与碳水化合物、脂肪和蛋白质的代谢过程；短期缺乏或不足就会降低一些酶的活性，阻碍相应的代谢过程，影响动物的健康和生产力，必须经常供给；但除维生素 B_{12} 外，其他 B 族维生素广泛存在于各种酵母、优质干草、青绿饲料、青贮饲料、子实类的种皮和胚芽中，并且犊牛一般在 6 周龄后瘤胃微生物能合成足够的 B 族维生素，故很少容易缺乏。生产中的缺乏症多发生在瘤胃发育不全的幼龄牛和存在拮抗物或缺乏前体物，瘤胃合成受到限制的情况下。

维生素 C 又叫抗坏血病维生素，其来源广泛，牛体组织中能够合成，一般不用补饲；但在应激状况下，体内合成能力下降，而消耗量却增加，必须额外补充。

六、水

水是动物必需的重要养分。体温调节、营养物质的消化代谢、有机物质的水解、废物的排泄、内环境的稳定、神经系统的缓冲、关节的润滑等都需要水的参与。

牛所需要的水主要来源于饮水、饲料水，另外，有机物质在体内氧化分解或合成过程中所产生的代谢水也是水分来源之一。牛体内的水经复杂的代谢可以通过粪尿的排泄、肺脏和皮肤的蒸发以及动物产品等途径排出体外，保持动物体内水的平衡。由尿中排出的水通常可占总排水量的一半左右；粪中排水量受饲料性质和饮水的影响，采食多汁饲料和饮水较多时，粪中水分量增加；通过肺脏和皮肤蒸发的水分量随温度的升高和运动量的增加而增加。

在正常情况下，动物的需水量与采食的干物质量呈一定的比例关系，适宜环境中牛采食 1 千克干物质需饮水 3～5 千克，犊牛为 6～8 千克，肉牛每天需水量为 22～66 升。另外，牛对水的需要量受其体重、环境温度、生产性能、饲料类型和干物质采食量等的影响(表 2-2)。夏天饮水量增加，冬天饮水量减少。同时还要注意饮水的质量，当水中食盐含量超过 1%时，就会发生食盐中毒，含过量的亚硝酸盐和碱的水对肉牛也非常有害。

表 2-2　不同生长阶段和环境温度肉牛对水的需要量　　升

名称	体重/千克	温度/℃					
		4	10	14	21	26	32
生长牛	180	15	16	19	22	25	36
	270	20	22	25	30	34	48
	360	24	26	30	35	40	57
育肥牛	270	23	25	28	33	38	54
	360	28	30	34	41	47	66
	450	33	56	41	48	55	78

七、附表

妊娠期母牛、哺乳母牛的营养需要见表 2-3 至表 2-5。矿物质与维生素的需要量见表 2-6、表 2-7。

表 2-3 妊娠期母牛的营养需要

体重/千克	妊娠月份	干物质/千克	肉牛能量单位(RND)/个	综合净能/兆焦	粗蛋白质/克	钙/克	磷/克
300	6	6.32	2.80	22.60	409	14	12
	7	6.43	3.11	25.12	477	16	12
	8	6.60	3.50	28.26	587	18	13
	9	6.77	3.97	32.05	735	20	13
350	6	6.86	3.12	25.19	449	16	13
	7	6.98	3.45	27.87	517	18	14
	8	7.15	3.87	31.24	627	20	15
	9	7.32	4.37	35.30	775	22	15
400	6	7.39	3.43	27.69	488	18	15
	7	7.51	3.78	30.56	556	20	16
	8	7.68	4.23	34.13	666	22	16
	9	7.84	4.76	38.47	814	24	17
450	6	7.90	3.73	30.12	526	20	17
	7	8.02	4.11	33.15	594	22	18
	8	8.19	4.58	36.99	704	24	18
	9	8.36	5.15	41.58	852	27	19
500	6	8.40	4.03	32.51	563	22	19
	7	8.52	4.42	35.72	631	24	19
	8	8.69	4.92	39.76	741	26	20
	9	8.86	5.53	44.62	889	29	21
550	6	8.89	4.31	34.83	599	24	20
	7	9.00	4.73	38.23	667	26	21
	8	9.17	5.26	42.47	777	29	22
	9	9.34	5.90	47.61	925	31	23

表 2-4 哺乳母牛的营养需要

体重/千克	干物质/千克	肉牛能量单位(RND)/个	综合净能/兆焦	粗蛋白质/克	钙/克	磷/克
300	4.47	2.36	19.04	332	10	10
350	5.02	2.65	21.38	372	12	12
400	5.55	2.93	23.64	411	13	13
450	6.06	3.20	25.82	449	15	15
500	6.56	3.46	27.91	486	16	16
550	7.04	3.72	30.04	522	18	18

表 2-5　哺乳母牛每千克泌乳的营养需要

干物质/千克	肉牛能量单位(RND)/个	综合净能/兆焦	粗蛋白质/克	钙/克	磷/克
0.45	0.32	2.57	85	2.46	1.12

表 2-6　矿物质需要量及最大耐受量(干物质基础)

矿物质	需要量		最大耐受量
	推荐量	范围	
钙/%	—		2.0
磷/%	—		1.0
钠/%	0.08	0.06～0.10	10.0
氯/%	—	—	—
硫/%	0.10	0.08～0.15	0.4
钾/%	0.65	0.50～0.70	3.0
镁/%	0.10	0.05～0.25	0.4
铁/(毫克/千克)	50.0	50.00～100.00	1 000.0
铜/(毫克/千克)	8.0	4.00～10.00	100.0
锌/(毫克/千克)	30.0	20.00～40.00	500.0
碘/(毫克/千克)	0.5	0.20～2.00	50.0
锰/(毫克/千克)	40.0	20.00～50.00	1 000.0
钴/(毫克/千克)	0.10	0.07～0.11	5.0
硒/(毫克/千克)	0.10	0.05～0.30	2.0
钼/(毫克/千克)	—	—	3.0

表 2-7　维生素需要量

名称	罗氏公司/[国际单位/(天·头)]	NRC 标准/[国际单位/千克干物质]		
	育肥牛	育肥牛	干奶怀孕牛	泌乳牛
维生素 A	40 000	2 200	2 800	3 900
维生素 D	5 000	275	275	275
维生素 E	250	15～60	—	15～60

第二节　生态饲料配制技术

一、生态饲料的概念

畜牧生产对环境造成的污染主要来自畜禽粪尿排出物及食物中有毒有害物质的残留，其根源在于饲料。畜禽饲养者和饲料生产者为最大限度地发挥畜禽的生产性能，往往在饲料配制中有意提高日粮蛋白和矿物质、微量元素浓度，造成粪尿中氮、磷和微量元素的排出增多；添加抗生素和一些药物添加剂，致使畜禽食品药物残留超标，危害人体健康；磷、铜、砷、锌及药物添加剂排出后，造成水、土壤的污染，恶化了人们的生活环境。

随着动物营养研究的进一步深入和人类环保意识的不断增强，解决畜禽产品公害和减轻畜禽对环境污染问题被提到了重要议事日程。生态饲料就是利用生态营养学理论和方法，围绕畜禽产品健康和减轻畜禽对环境污染等问题，从原料的选购、配方设计、加工饲喂等过程进行严格质量控制，并实施动物营养调控，从而控制可能发生的畜禽产品公害和环境污染，使饲料达到低成本、高效益、低污染的效果。生态饲料代表了当今和未来饲料产品的发展趋势，是可获得最大营养物利用率和最佳动物生产性能，且能最大限度地注重饲料对饲养动物、生产者、消费者和环境（主要是土壤、水资源等）的安全性，促进生态和谐的饲料。

生态饲料的特点：①强调提高资源的利用率，减少动物排泄，降低对环境的污染；②强调最佳的动物生产性能，提高饲料的经济性；③强调安全性，即不使用违禁饲料添加剂和不符合卫生标准的饲料原料，不滥用会对环境（土地、水资源等）造成污染的饲料添加剂，尽可能不用或少用抗生素；④强调饲料的适口性和易消化性，善待动物；⑤强调改善动物产品的营养品质和风味；⑥提倡使用有助于动物排泄物分解和去除不良气味的安全性饲料添加剂。

二、生态饲料的选择

根据国际分类原则，按照饲料的营养特性，我国将饲料分成8大类：青绿多汁饲料、青贮饲料、粗饲料、能量饲料、蛋白质饲料、矿物质饲料、维生素饲料、饲料添加剂。

（一）青绿多汁饲料

指天然水分含量60%及其以上的青绿多汁植物性饲料。以富含叶绿素而得名。

1. 营养特性

青绿饲料水分含量高，为70%～90%；蛋白质含量较高，品质较优，一般禾本科牧草和叶菜类饲料的粗蛋白质含量在1.5%～3.0%，豆科牧草在3.2%～4.4%。若按干物质计算，前者粗蛋白质含量达13%～15%，后者可高达18%～24%；幼嫩的青绿饲料含粗纤维较少，木质素低，无氮浸出物较高。干物质中无氮浸出物为40%～50%，而粗纤维不超过30%。

青绿饲料中还含有丰富的维生素，特别是维生素A源（胡萝卜素），可达50～80毫克/千克；也是矿物质的良好来源。矿物质中钙、磷含量丰富，比例适当，尤其是豆科牧草更为突出。还富含铁、锰、锌、铜、硒等必需的微量元素。青绿饲料易消化，还具有轻泻、保健作用。牛对有机物质的消化率可达75%～85%。

2. 主要的青绿饲料

（1）天然牧草　天然草地的利用价值受许多因素的影响，诸如地形地势、草原类型、水源供应以及放牧制度等，但就草层的营养特性而论主要取决于牧草的种类和生产阶段。我国天然草地上生长的牧草种类繁多，主要有禾本科、豆科、菊科和莎草科 4 大类。

干物质中无氮浸出物含量均为 40%～50%；豆科牧草的蛋白质含量偏高，为 15%～20%，莎草科为 13%～20%，菊科与禾本科多在 10%～15%，少数可达 20%；粗纤维含量以禾本科牧草较高，约为 30%，其他 3 类牧草约为 25%，个别低于 20%；粗脂肪含量以菊科含量最高，平均达 5%左右，其他类为 2%～4%；矿物质中一般都是钙高于磷，比例恰当。

总的来说，豆科牧草的营养价值较高。虽然禾本科牧草的粗纤维含量较高，对其营养价值有一定影响，但由于其适口性较好，特别是在生长早期，幼嫩可口，采食量高，因而也不失为优良的牧草。并且，禾本科牧草的匍匐茎或地下茎再生力很强，比较耐牧，对其他牧草起到保护作用。菊科牧草往往有特殊的气味，牛不喜采食。

草地牧草的利用方式主要是放牧，或有计划地在生长适宜时期刈割，供晒制干草或青贮。放牧是一种节省人力的利用方式，牛可以自由采食，在野外有充分的光照和运动，有利于健康。值得注意的是，应按草原面积、牧草生长状况及放牧肉牛的数量，做好规划，实行分区轮牧，避免载畜过量而使草原退化。

(2)栽培牧草　是指人工播种栽培的各种牧草，以产量高、营养好的豆科和禾本科牧草占主要地位。栽培牧草是解决青绿饲料来源的重要途径，可为肉牛常年提供丰富而均衡的青绿饲料。

①豆科牧草。紫花苜蓿、三叶草、苕子、草木樨、沙打旺、小冠花、红豆草等。

紫花苜蓿：特点是产量高、品质好、适应性强，是最经济的栽培牧草，被冠以“牧草之王”。营养价值很高，在初花期刈割的干物质中粗蛋白质为 20%～22%，必需氨基酸组成较为合理，赖氨酸可高达 1.34%，此外还含有丰富的维生素与微量元素，如胡萝卜素含量可达 161.7 毫克/千克。紫花苜蓿中含有各种色素，对牛的生长发育及乳汁有好处。紫花苜蓿的营养价值与刈割时期关系很大，幼嫩时含水多，粗纤维少。刈割过迟，茎的比重增加而叶的比重下降，饲用价值降低。苜蓿的利用方式有多种，可青饲、放牧、调制干草或青贮，对各类家畜均适宜。紫花苜蓿茎叶中含有皂角素，有抑制酶的作用，牛羊大量采食鲜嫩苜蓿后，可在瘤胃内形成大量泡沫样物质，引起膨胀病，甚至死亡，故饲喂鲜草时应控制喂量，放牧地最好采取和禾本科草混播。

三叶草：目前栽培较多的为红三叶和白三叶。新鲜的红三叶含干物质 13.9%，粗蛋白质 2.2%，草质柔软，适口性好。既可以放牧，也可以制成干草、青贮利用，放牧时发生臌胀病的机会也较苜蓿为少，但仍应注意预防。白三叶由于草丛低矮、耐践踏、再生性好，最适于放牧利用。适口性好，营养价值高，鲜草中粗蛋白质含量较红三叶高，而粗纤维含量较红三叶低。

苕子：主要有普通苕子和毛苕子 2 种。普通苕子其营养价值较高，茎枝柔嫩，生长茂盛，叶多，适口性好。既可青饲，又可青贮、放牧或调制干草。毛苕子是水田或棉田的重要绿肥作物。它生长快，茎叶柔嫩，可青饲、调制干草或青贮。毛苕子蛋白质和矿物质含量都很丰富，营养价值较高，无论鲜草或干草，适口性均好。

草木樨：主要是白花草木樨、黄花草木樨和无味草木樨 3 种。草木樨既是一种优良的豆科牧草，也是重要的保土植物和蜜源植物。草木樨可青饲、调制干草、放牧或青贮，具有较高的营养价值，与苜蓿相似。以干物质计，草木樨含粗蛋白质 19.0%，粗脂肪 1.8%，粗纤维 31.6%，无氮浸出物 31.9%，钙 2.74%，磷 0.02%。草木樨含有香豆素，有不良气味，故适口性差，饲喂时应由少到多，使肉牛逐步适应。无味草木樨的最大特点是香豆素含量低，仅为前 2 种的 1%～2%，因而适口性较佳。当草木樨发霉腐败时，香豆素会变为双香豆素，其结构式与维生素 K 相似，二者具有拮抗作用。家畜采食了霉烂草木樨后，遇到内外创伤或手术，血液不易凝固，有时会因出血过多而死亡。减喂、混喂、轮换喂可防止出血症的发生。

沙打旺：适应性强，产量高，是饲料、绿肥、固沙保土等方面的优良牧草。沙打旺的茎叶鲜嫩，营养丰富，以干物质计，沙打旺含粗蛋白质 23.5%，粗脂肪 3.4%，粗纤维 15.4%，无氮浸出物 44.3%，钙 1.34%，磷 0.34%，产奶净能为 6.24 兆焦/千克。沙打旺为黄芪属牧草，含有硝基化合物，有苦味，饲喂时应与其他牧草搭配使用。

小冠花：小冠花根系发达、花期长，既可饲用又可作为保土、蜜源植物。小冠花茎叶繁茂柔软，叶量丰富，以干物质计，含粗蛋白质 20.0%，粗脂肪 3.0%，粗纤维 21.0%，无氮浸出物 46.0%，钙 1.55%，磷 0.30%。

红豆草：红豆草花色粉红艳丽，气味芳香，适口性极好，各种家畜均喜食，饲用价值可与紫花苜蓿相媲美，被称为"牧草皇后"。开花期干物质中含粗蛋白质 15.1%，粗脂肪 2.0%，粗纤维 31.5%，无氮浸出物 43.0%，钙 2.09%，磷 0.24%。红豆草在各个生育阶段均含有很高的浓缩单宁，肉牛食后不得臌胀症。

②禾本科牧草。重要的禾本科牧草包括黑麦草、无芒雀麦、羊草、苏丹草、鸭茅、象草等。

黑麦草：黑麦草生长快，分蘖多，一年可多次收割，产量高，茎叶柔嫩光滑，适口性好，以开花前期的营养价值最高，可青饲、放牧或调制干草。新鲜黑麦草干物质含量约 17%，粗蛋白质 2.0%。随生长期的延长，黑麦草的营养价值下降，故刈割时期要适宜。试验证明，周岁阉牛在黑麦草地上放牧，日增重为 700 克；喂黑麦草颗粒料（占饲粮 40%、60%、80%），日增重分别为 994 克、1 000 克、908 克，而且肉质较细。

无芒雀麦：无芒雀麦适应性广，生活力强，适口性好，茎少叶多，营养价值高，幼嫩的无芒雀麦干物质中所含粗蛋白质不亚于豆科牧草，到种子成熟时，其营养价值明显下降。无芒雀麦有地下根茎，能形成絮结草皮，耐践踏，再生力强，青饲或放牧均宜。

羊草：羊草为多年生禾本科牧草，叶量丰富，适口性好，羊草鲜草干物质含量28.64％，粗蛋白质3.49％，粗脂肪0.82％，粗纤维8.23％，无氮浸出物14.66％，灰分1.44％。羊草营养生长期长，有较高的营养价值，种子成熟后茎叶仍可保持绿色，可放牧、割草。羊草干草产量高，营养丰富，但刈割时间要适当，过早过迟都会影响其质量，抽穗期刈割调制成干草，颜色浓绿，气味芳香，也是我国出口的主要草产品之一。

苏丹草：苏丹草具有高度的适应性，抗旱能力特强，在夏季炎热干旱地区，一般牧草都枯萎而苏丹草却能旺盛生长。苏丹草的营养价值取决于其刈割日期，抽穗期刈割要比开花期和结实期刈割营养价值高，适口性也好，苏丹草的茎叶比玉米、高粱柔软，容易晒制干草。喂肉牛的效果和喂苜蓿、高粱干草差别不大。利用时第一茬适于刈割鲜喂或晒制干草，第二茬以后可用于放牧。由于幼嫩茎叶含少量氢氰酸，为防止发生中毒，要等到株高达50～60厘米以后才可以放牧。

高丹草：高丹草是由饲用高粱和苏丹草自然杂交形成的一年生禾本科牧草，其特点是产量高，抗倒伏和再生能力出色，抗病抗旱性好，茎秆更为柔软纤细，可消化的纤维素和半纤维素含量高而难以消化的木质素低，消化率高，适口性好，营养价值高。经测定高丹草在拔节期的营养成分为水分83％、粗蛋白3％、粗脂肪0.8％、无氮浸出物7.6％、粗纤维3.2％、粗灰分1.7％，是一种优良青饲料。高丹草的主要利用方式是调制干草和青贮，也可直接用于放牧。

黑麦：黑麦适应性广，耐旱、抗寒、耐瘠薄，分蘖再生能力强，生长速度快，产量高，具有营养丰富全面、适口性好、饲用价值高等优点，干物质中粗蛋白占18%，尤其赖氨酸含量较高，是玉米、小麦的4～6倍，脂肪含量也高，并含有丰富的铁、铜、锌等微量元素和胡萝卜素，除了利用其青饲外，也可制作青贮或晒制青干草。

鸭茅：鸭茅草质柔嫩，叶量多，营养丰富，适口性好，抽穗期茎叶干物质中含粗蛋白质12.7%，粗脂肪4.7%，粗纤维29.5%，无氮浸出物45.1%，粗灰分8%。鸭茅适宜青饲、调制干草或青贮，也适于放牧。青饲宜在抽穗前或抽穗期进行；晒制干草时收获期不迟于抽穗盛期；放牧时以拔节中后期至孕穗期为好。

象草：象草具有产量高、管理粗放、利用期长等特点，已成为南方青绿饲料的重要来源。象草营养价值较高，茎叶干物质中含粗蛋白质10.58%，粗脂肪1.97%，粗纤维33.14%，无氮浸出物44.70%，粗灰分9.61%。象草主要用于青割和青贮，也可以调制成干草备用。适时刈割，柔软多汁，适口性好，利用率高。

(3)青饲作物　青饲作物是指农田栽培的农作物或饲料作物，在结实前或结实期收割作为青绿饲料用。常见的青饲作物有青刈玉米、青刈大麦、青刈燕麦等。一般青割作物用于直接饲喂，也可以调制成青干草或作青贮，这是解决青绿饲料供应的一个重要途径。

①青刈玉米。玉米是重要的粮食和饲料兼用作物，其植株高大，生长迅速，产量高，茎中糖分含量高，胡萝卜素及其他维生素丰富，饲用价值高。做牛饲料时可从吐丝到蜡熟期分批刈割。青刈玉米味甜多汁，适口性好，消化率高，营养价值远远高于收获籽实后剩余的秸秆，是良好的青绿饲料。近年来，我国育成了一些饲料专用玉米新品种，如“龙牧3号”、“新多2号”等，均适合于青饲或青贮，属于多茎多穗型，即使果实成熟后茎叶仍保持鲜绿，草质优良，每公顷鲜草产量可达45～135吨。

②青刈大麦。大麦也是重要的粮饲兼用作物之一，有冬大麦和春大麦之分。大麦有较强的再生性，分蘖能力强，及时刈割后可

收到再生草，因此是一种很好的青饲作物。青割大麦可根据要求，在拔节至开花时，分期刈割，随割随喂。延迟收获则品质迅速下降。也可调制成干草或青贮利用。

③青刈燕麦。燕麦叶多茎少，叶片宽长，柔嫩多汁，适口性强，是一种极好的青刈饲料。青刈燕麦可在拔节至开花时刈割，青刈燕麦营养丰富，干物质中粗蛋白质含量 14.7%，粗脂肪 4.6%，粗纤维 27.4%，无氮浸出物 45.7%，粗灰分 7.6%，钙 0.56%，磷 0.36%。

(4)树叶类饲料　包括槐、榆、杨树等的树叶。

①紫穗槐叶、刺槐叶。紫穗槐又名紫花槐，是很有价值的饲用灌木类。刺槐又名洋槐，为豆科乔木。两者叶中蛋白质含量很高，以干物质计可达 20%以上，且粗纤维含量又较低，因此鲜叶制成的青干叶粉又属于蛋白质饲料。此外，维生素(尤以胡萝卜素和 B 族维生素含量高)和矿物质含量丰富，与优质苜蓿相当。按营养特性，两者除具相同的共性外，刺槐叶尚有口味香甜、适口性好等特点。

采集季节不同，槐叶质量不同。一般春季质量较好，夏季次之，秋季较差。但过早采集影响林木生长，因此，科学采集时间宜在不影响林木生长的前提下尽量提前。北方可在 7 月底、8 月初开采，最迟不超过 9 月上旬。采集过迟，绿叶变黄，营养价值大幅度下降。采集部位一般为叶柄和叶片。槐叶叶片薄、易晒，一般 2 天水分可降至 10%左右。鲜槐叶可直接青饲。

②泡桐叶。泡桐生长快，管理得当时 5～6 年即可成材，故有“3 年成檩，5 年成梁”之说。据测定，一株 10 年轮伐期的泡桐，年产鲜叶 100 千克，折干叶 28 千克左右；一株生长期泡桐，年可得干叶 10 千克左右。按此计算，全国泡桐叶若能充分利用，其量亦十分可观。用泡桐叶、花、果作饲料由来已久。鲜泡桐叶肉牛不喜食，干制可改善适口性。泡桐叶干物质中含粗蛋白质 19.3%，

粗纤维 11.1%，粗脂肪 5.82%，无氮浸出物 54.8%，钙 1.93%，磷 0.21%。

③桑叶。桑叶的产量高，生长季节可采 4～6 次。桑叶不仅是蚕的基本饲料，也可做牛的饲料。鲜桑叶含粗蛋白 4%，粗纤维 6.5%，钙 0.65%，磷 0.85%。还含有丰富的维生素 E、维生素 B_2、维生素 C 及各种矿物质。桑树枝、叶营养价值接近，均为优质饲料。桑叶、枝采集可结合整枝进行，宜鲜用，否则营养价值下降。枝叶量大时，可阴干贮藏供冬季饲用。

④苹果叶、橘树叶。苹果枝叶来源广、价值高。据分析，一般含粗蛋白质 9.8%，粗脂肪 7%，粗纤维 8%，无氮浸出物 59.8%，钙 0.29%，磷 0.13%。橘树叶粗蛋白质含量较高，比稻草高 3 倍。每千克橘树叶含维生素 C 约 151 毫克，并含单糖、双糖、淀粉和挥发油，故该叶具舒肝、通气、化痰、消肿解毒等药效。《日本农业新闻》报道，将整枝剪下的橘树枝叶加工成 2～3 厘米的碎条青贮 1 个月后喂役牛或肉牛，牛生长速度加快，健康。橘叶采集宜结合秋末冬初修剪整枝时进行。

⑤松叶。松叶主要是指马尾松、黄山松、油松以及桧、云杉等树的针叶。马尾松针叶干物质为 53.1%～53.4%，总能 9.66～10.37 兆焦/千克，粗蛋白质 6.5%～9.6%，粗纤维 14.6%～17.6%，钙 0.45%～0.62%，磷 0.02%～0.04%。富含维生素、微量元素、氨基酸、激素和抗生素等，具抗病、促生长之效。针叶一般以每年 11 月至翌年 3 月采集较好，其他时间因针叶含脂肪和挥发性物质较多，易对畜禽胃肠和泌尿器官产生不良影响。采集时应选嫩绿肥壮松针，采集后避免阳光暴晒，采集到加工要求不应超过 3 天。

(5)叶菜类饲料　包括苦荬菜、聚合草、甘蓝、人类食用剩余的蔬菜、次菜及菜帮等。

①苦荬菜。苦荬菜生长快，再生力强，南方一年可刈割 5～8

次，北方3～5次，一般每公顷产鲜草75～112.5吨。苦荬菜鲜嫩可口，粗蛋白质含量较高，粗纤维含量较少，营养价值较高。

②聚合草。产量高，营养丰富，利用期长，适应性广，再生性很强，南方一年可刈割5～6次，北方为3～4次，第一年每公顷产75～90吨，第二年以后每公顷产112.5～150吨，聚合草干草的粗蛋白质含量与苜蓿接近，而粗纤维则比苜蓿低。风干聚合草茎叶的营养成分为：粗蛋白质21.09%，粗脂肪4.46%，粗纤维7.85%，无氮浸出物36.55%，粗灰分15.69%，钙1.21%，磷0.65%，胡萝卜素200.0毫克/千克，核黄素13.80毫克/千克。聚合草有粗硬刚毛，牛不喜食，也可调制成青贮或干草。如晒制干草，须选择晴天刈割，就地摊成薄层晾晒，宜快干，以免日久颜色变黑，品质下降。

③杂交酸模。也叫鲁梅克斯。抗寒、耐盐碱、耐旱涝、喜水肥，但易感白粉病，也易发生虫危害。在水肥条件较好的情况下，每公顷产量可达150～225吨，折合干草为15～22.5吨。干物质中粗蛋白质含量在叶簇期达30%～34%，并且还含有较高的胡萝卜素、维生素C等维生素。喂牛可整株饲喂。青贮时可加20%～30%的禾本科干草粉或秸秆，效果很好。因其水分很高，干物质含量低，故不适宜调制青干草。因单宁含量高，适口性差。

(6)水生饲料　主要有水浮莲、水葫芦、水花生、绿萍、水芹菜和水竹叶等。这类饲料具有生长快、产量高、不占耕地和利用时间长等优点。在南方水资源丰富地区，因地制宜发展水生饲料，并加以合理利用，是扩大青绿饲料来源的一个重要途径。这类饲料水分含量可达90%～95%，干物质含量很低，故营养价值也较低，因此，水生饲料应与其他饲料搭配使用，以满足牛的营养需要。

此外，水生饲料最易带来寄生虫病，如猪蛔虫、姜片虫、肝片吸虫等，利用不当往往得不偿失。解决的办法除了注意水塘的消毒、灭螺工作外，最好将水生饲料青贮发酵或煮熟后饲喂，有的也可制成干草粉。

3.合理利用

青绿饲料干物质和能量含量低，应注意与能量饲料、蛋白质饲料配合使用，青饲补饲量不要超过日粮干物质的20%。又因含有较多草酸，具有轻泻作用，易引起拉稀和影响钙的吸收。为了保证青绿饲料的营养价值，适时收割非常重要，一般禾本科牧草在孕穗期刈割，豆科牧草在初花期刈割。有的牧草或树叶含有单宁，有涩味适口性不佳，必须加工调制后再喂。水生饲料在饲喂时，要洗净并晾干表面的水分后再喂。叶菜类饲料中含有硝酸盐，在堆贮或蒸煮过程中被还原为亚硝酸盐，牛瘤胃中的微生物也可将青绿饲料中的硝酸盐还原成亚硝酸盐，在瘤胃中形成的亚硝酸盐还可被进一步还原成氨，但这一过程缓慢，且需要一定的能量。瘤胃可以大量吸收亚硝酸盐，饲后5～6小时，血液中浓度达到高峰，可迅速将血红蛋白转变成高铁血红蛋白，引起牛中毒，甚至死亡。故饲喂量不宜过多。高粱类、玉米类的牧草，苗期(50厘米以下)不能饲喂，防止氢氰酸中毒。豆科牧草不能喂太多，最好与禾本科牧草搭配饲喂，防止瘤胃臌胀。含水量较高的牧草饲喂肉牛时，要注意与其他粗料的搭配，防止拉稀。

(二)青贮饲料

指将新鲜的青刈饲料作物、牧草或收获籽实后的玉米秸秆等青绿多汁饲料直接或经适当的处理后，切碎、压实、密封于青贮窖、壕或塔内，在厌氧环境下，通过乳酸发酵而成。青贮是养牛业最主要的饲料来源，在各种粗饲料加工中保存的营养物质最高(保存83%的营养)，粗硬的秸秆在青贮过程中还可以得到软化，增加适口性，使消化率提高。在密封状态下可以长年保存，制作简便，成本低廉。

1. 营养特性

青贮饲料的营养价值因青贮原料不同而异。其共同特点是粗蛋白质主要是由非蛋白氮组成，且酰胺和氨基酸的比例较高，大部分淀粉和糖类分解为乳酸，粗纤维质地变软，胡萝卜素含量丰富，酸香可口，具有轻泻作用。

2. 常见青贮饲料

青贮原料很多，凡是无毒的青绿植物均可调制成青贮料。

(1)禾本科作物

①玉米青贮。玉米秸秆青贮：收获果穗后的玉米秸上能保留1/2的绿色叶片，应立即青贮。若部分秸秆发黄，3/4的叶片干枯视为青黄秸，青贮时每100千克需加水5～15千克。目前已培育出收获果穗后玉米秸全株保持绿色的玉米新品种，很适合作青贮。玉米秸秆青贮目前是我国农区肉牛的主要饲料。

青刈带穗玉米青贮：玉米带穗青贮，即在玉米乳熟后期收割，将茎叶与玉米穗整株切碎进行青贮，这样可以最大限度地保存蛋白、碳水化合物和维生素，具有较高的营养价值和良好的适口性，是牛的优质饲料。玉米带穗青贮含有43%左右的籽实，饲喂牛，只需添加蛋白和矿物质等营养成分，就可满足牛的营养需要。其干物质的营养含量为粗蛋白8.4%、碳水化合物12.7%、可消化总营养成分达到77%。用这样的玉米青贮从单位面积土地上获得的营养物质量或换回的鲜奶数量要比玉米籽实加玉米秸饲喂的效果好。

②高粱青贮。高粱植株高3米左右，产量高。茎秆内含糖量高，特别是甜高粱，可调制成优良的青贮饲料，适口性好。一般在蜡熟期收割。

此外，冬黑麦、大麦、无芒雀麦、苏丹草等均是优质青贮原料。收割期约在抽穗期。禾本科作物由于含有2%以上的可溶性糖和淀粉，青贮制作容易成功。

(2)豆科作物　苜蓿、草木樨、三叶草、紫云英、豌豆、蚕豆等通常在开花初期收割。因其含蛋白质高，糖分少，在制作高水分青贮时应与含可溶性糖、淀粉多的饲料混合青贮。例如，与玉米高粱茎秸混贮，与糠麸混贮，与甜菜、甘薯、马铃薯混贮，或者经晾晒水分低于55%时进行半干青贮。

(3)蔬菜、水生饲料　胡萝卜缨、白菜、甘蓝、马铃薯秧、红薯藤、南瓜秧以及野草、野菜、水生饲料等，因含水量高、糖分低不易青贮。通常经晾晒水分降至55%以下进行半干青贮或者与含糖高水分低的其他饲料混贮。

(4)块根、块茎青贮　含有多量的淀粉，如与干草粉混贮，效果较好。

3.合理利用

在饲喂时，青贮饲料可以全部代替青饲料，但应与碳水化合物含量丰富的饲料搭配使用，以提高瘤胃微生物对氮素的利用率。牛对青贮饲料有一个适应过程，用量应由少逐渐增加，日喂量15～25千克。禁用霉烂变质的青贮料喂牛。

(三)粗饲料

干物质中粗纤维含量在18%以上的饲料均属粗饲料。包括青干草、秸秆、秕壳和部分树叶等。

1.营养特性

粗纤维含量高，可达25%～50%，并含有较多的木质素，难以消化，消化率一般为6%～45%；秸秆类及秕壳类饲料中的无氮浸出物主要是半纤维素和多缩戊糖的可溶部分，消化率很低，如花生壳无氮浸出物的消化率仅为12%。粗蛋白质含量低且差异大，为3%～19%。粗饲料中维生素D含量丰富，其他维生素含量低。优质青干草含有较多的胡萝卜素，秸秆和秕壳类饲料几乎不含胡萝卜素。矿物质中含磷很少，钙较丰富。

2. 常见的粗饲料

(1)干草　干草是青绿饲料在尚未结籽以前刈割，经过日晒或人工干燥而制成的，较好地保留了青绿饲料的养分和绿色，干草作为一种贮备形式，调节青饲料供应的季节性，是牛的最基本、最重要的饲料。可以制成干草的有禾本科牧草、豆科牧草、天然牧草等。要注意发霉腐烂、含有有毒植物的干草不可饲喂。

优质干草叶多，适口性好，蛋白质含量较高，胡萝卜素，维生素D、维生素E及矿物质丰富。粗蛋白质含量禾本科干草为7%～13%，豆科干草为10%～21%。粗纤维含量高，为20%～30%，所含能为玉米的30%～50%。

(2)秸秆　农作物收获籽实后的茎秆、叶片等统称为秸秆。秸秆中粗纤维含量高，可达30%～45%，其中木质素多，一般为6%～12%。可发酵氮源和过瘤胃蛋白质含量过低，有的几乎等于零。单独饲喂秸秆时，牛瘤胃中微生物生长繁殖受阻，影响饲料的发酵，不能给宿主提供必需的微生物蛋白质和挥发性脂肪酸，难以满足牛对能量和蛋白质的需要。秸秆中无氮浸出物含量低，此外还缺乏一些必需的微量元素，并且利用率很低。除维生素D外，其他维生素也很缺乏。

该类粗饲料虽然营养价值很低，但在我国资源丰富，如果采取适当的补饲措施，如补饲尿素、淀粉类精料、过瘤胃蛋白质、矿物质及青饲料等，并结合适当的加工处理，如氨化、碱化及生物处理等，能提高牛对秸秆的消化利用率。

①玉米秸。刚收获的玉米秸，营养价值较高，但随着贮存期加长(风吹、日晒、雨淋)，营养物质损失较大。一般玉米秸粗蛋白质含量为5%左右；粗纤维为25%左右，牛对其粗纤维的消化率为65%左右；同一株玉米秸的营养价值，上部比下部高，叶片较茎秆高。不同品种玉米秸，营养价值不同。玉米穗苞叶和玉米芯营养价值很低。

②麦秸。包括小麦秸、大麦秸、燕麦秸等。小麦秸在麦秸中数量最多,春小麦比冬小麦好,小麦秸营养低于大麦秸,燕麦秸的饲用价值最高。麦秸的营养价值较低,其中木质素含量很高,含能量低,消化率低,适口性差,是质量较差的粗饲料。该类饲料饲喂肉牛时必须经过适当的氨化和碱化处理。

③稻草。营养价值低于玉米秸、谷草,优于小麦秸,是我国南方地区的主要粗饲料来源。粗蛋白质含量为2.6%~3.2%,粗纤维21%~33%。灰分含量高,但主要是不可利用的硅酸盐。钙多磷含量低。牛对稻草的消化率50%左右,其中对蛋白质和粗纤维的消化率分别为10%和50%左右,经氨化和碱化处理后可显著提高其消化率。稻草的各种营养物多含在叶里,其次是叶柄、茎。所以,喂牛要尽量选用带叶较多、黄绿色、质地柔软的稻草。稻草不可含泥沙、塑料、羽毛、金属等异物,严禁使用被农药污染及霉烂的稻草,以免引起牛中毒。

④谷草。在禾本科秸秆中,谷草品质最好。质地柔软、叶片多,适口性好。

⑤豆秸。指豆科秸秆。由于大豆秸木质素含量高达20%~23%,质地坚硬,但与禾本科秸秆相比,粗蛋白质含量和消化率较高。在豆秸中蚕豆秸和豌豆秸质地较软,品质较好。由于豆秸质地坚硬,应粉碎后饲喂,以保证充分利用。

(3)秕壳　籽实脱离时分离出的夹皮、外皮等。营养价值略高于同一作物的秸秆,但稻壳和花生壳质量较差。

①豆荚。含粗蛋白质5%~10%,无氮浸出物42%~50%,适于喂牛。大豆皮(大豆加工中分离出的种皮),营养成分约为粗纤维38%、粗蛋白12%、净能7.49兆焦/千克,几乎不含木质素,故消化率高,对于反刍家畜其营养价值相当于玉米等谷物。

②谷类皮壳。包括小麦壳、大麦壳、高粱壳、稻壳、谷壳等。营养价值低于豆荚。稻壳的营养价值最差。

③棉籽壳。含粗蛋白质为4.0%～4.3%，粗纤维41%～50%，消化能8.66兆焦/千克，无氮浸出物34%～43%。棉籽壳虽然含棉酚0.01%，但对牛影响不大。喂小牛时最好喂1周更换其他粗料1周，以防棉酚中毒。

(四)能量饲料

能量饲料是指干物质中粗纤维含量在18%以下，粗蛋白质含量在20%以下，消化能在10.46兆焦/千克以上的饲料，是牛能量的主要来源。主要包括谷实类及其加工副产品(糠麸类)、薯粉类和糖蜜等。

1.谷实类饲料

谷实类饲料大多是禾本科植物成熟的种子，包括玉米、小麦、大麦、高粱、燕麦和稻谷等。其主要特点是：可利用能值高，适口性好，消化率高；粗蛋白质含量低，一般平均在10%左右，难以满足肉牛蛋白质需要；矿物质含量不平衡。钙低磷高，钙、磷比例不当；维生素含量不平衡。一般含维生素B_1、烟酸和维生素E丰富，维生素A、维生素D含量低，不能满足牛的需要。

(1)玉米　玉米被称为“饲料之王”，其特点是可利用能量高，亚油酸含量较高。蛋白质含量低(9%左右)。黄玉米中叶黄素含量丰富，平均为22毫克/千克。钙、磷均少，且比例不合适，是一种养分不平衡的高能饲料。玉米用量可占肉牛混合料的60%左右。蒸汽压片玉米喂牛效果好，粗粉比细粉效果好。高油玉米，油含量比普通玉米高100%～140%，蛋白质和氨基酸、胡萝卜素等也高于普通玉米，饲喂牛效果好。高赖氨酸玉米对牛效果不甚明显。

(2)小麦　在我国某些地区，小麦的价格比玉米便宜很多，可用小麦充作饲料。与玉米相比，小麦能量较低，粗脂肪含量仅1.8%，但蛋白质含量较高，达到12.1%以上，必需氨基酸的含量也较高。所含B族维生素及维生素E较多,维生素A、维生素D、维生素C、维生素K则较少。小麦的过瘤胃淀粉较玉米、高粱低,肉牛饲料中的用量以不超过50%为宜,并以压片效果最佳,不能整粒饲喂或粉碎得过细。

(3)大麦　带壳为“草大麦”,不带壳为“裸大麦”。带壳的大麦,即通常所说的大麦,它的代谢能水平较低,但适口性很好,因含粗纤维5%左右,可促进动物肠道的蠕动,使消化机能正常,是牛的好饲料。蛋白质含量高于玉米,约10.8%,品质亦好;维生素含量一般偏低,不含胡萝卜素。裸大麦代谢能水平高于草大麦,比玉米籽实低得多,蛋白质含量高。喂前最好压扁或粗粉碎,但不要磨细。

(4)高粱　能量仅次于玉米,蛋白质含量略高于玉米。高粱在瘤胃中的降解率低,但因含有单宁,适口性差,并且喂牛易引起便秘。用量一般不超过日粮的20%。与玉米配合使用效果增强,可提高饲料的利用率。喂前最好压碎。

(5)燕麦　总的营养价值低于玉米,但蛋白质含量较高,约11%;粗纤维含量较高10%~13%,能量较低;富含B族维生素,脂溶性维生素和矿物质较少,钙少磷多。燕麦是牛的极好饲料,喂前应适当粉碎。

2.糠麸类饲料

糠麸类饲料是谷实类饲料的加工副产品,主要包括小麦麸皮和稻糠以及其他糠麸。其共同的特点是除无氮浸出物含量(40%~62%)较少外,其他各种养分含量均较其原料高。粗蛋白质15%左右;有效能值低,为谷实类饲料的一半。含钙少而磷多,含有丰富的B族维生素,胡萝卜素及维生素E含量较少。

(1)麸皮　其营养价值因麦类品种和出粉率的高低而变化。粗纤维含量较高,属于低能饲料。麸皮质地膨松,适口性较好,是牛良好的饲料,具有轻泻作用,母牛产后喂以适量的麦麸粥,可以调养消化道的机能。

(2)米糠　米糠为去壳稻粒(糙米)制成精米时分离出的副产品,由果皮、种皮、糊粉层及胚组成。米糠的有效营养变化较大,随含壳量的增加而降低。粗脂肪含量高,易在微生物及酶的作用下发生酸败。为使米糠便于保存,可经脱脂生产米糠饼。经榨油后的米糠饼脂肪和维生素减少,其他营养成分基本被保留下来。肉牛用量可达20%,脱脂米糠用量可达30%。

(3)大豆皮　含粗纤维38%、粗蛋白12%,几乎不含木质素,故消化率高,对于反刍家畜其营养价值相当于玉米等谷物,对于强度育肥肉牛有助于保持日粮粗纤维理想水平,同时又能保证增重的能量需要。

(4)其他糠麸　主要包括玉米糠、高粱糠和小米糠。其中以小米糠的营养价值最高。高粱糠的消化能和代谢能较高,但因含有单宁,适口性差,易引起便秘,应限制使用。

3.薯粉类饲料

薯粉类主要包括甘薯、马铃薯、木薯等。按干物质中的营养价值来考虑,属于能量饲料。

(1)甘薯　干物质中无氮浸出物占80%,其中主要是淀粉,粗纤维含量少,热能低于玉米,粗蛋白质含量3.8%左右,钙含量低,多汁味甜,适口性好,生熟均可饲喂。在平衡蛋白质和其他养分后,可取代牛日粮中能量来源的50%。甘薯如有黑斑病,含毒性酮,使牛导致喘气病,严重者甚至死亡。

(2)马铃薯　含干物质18%～26%,每3.5～4千克相当于1千克谷物,干物质中4/5为淀粉,易消化,缺乏钙磷和胡萝卜素,每日牛最高喂量20千克,与蛋白质饲料、谷实饲料混喂效果较好。马铃薯贮存不当发芽时,在其青绿皮上、芽眼及芽中含有龙葵素,采食过量会导致牛中毒。当马铃薯发芽,一定要清除皮和芽,并进行蒸煮,蒸煮用的水不能用于喂牛。

4.糖蜜

按原料不同,可分为甘蔗糖蜜、甜菜糖蜜、柑橘糖蜜及淀粉糖蜜。其主要成分为糖类,蛋白质含量较低,矿物质含量较高,维生素低,水分高,能值低,具有轻泻作用。肉牛用量宜占日粮5%～10%。

(五)蛋白质饲料

指干物质中粗纤维含量在18%以下,粗蛋白质含量为20%以上的饲料。由于反刍动物禁用动物蛋白饲料,因此对于肉牛主要包括植物性蛋白质饲料、单细胞蛋白质饲料、非蛋白氮饲料等。

1.植物性蛋白质饲料

(1)饼、粕类饲料　压榨法制油的副产品称为饼,溶剂浸提法制油后的副产品称为粕。

①大豆饼、粕。粗蛋白质含量为38%～47%,且品质较好,尤其是赖氨酸含量,是饼粕类饲料最高者,但蛋氨酸不足。大豆饼、粕可替代犊牛代乳料中部分脱脂乳,并对各类牛均有良好的生产效果。

②棉籽饼、粕。由于棉籽脱壳程度及制油方法不同,营养价值差异很大。粗蛋白质含量16%～44%,粗纤维含量10%～20%,因此有效能值低于大豆饼、粕。棉籽饼、粕蛋白质的品质不太理想,精氨酸含量高,而赖氨酸只有大豆饼、粕的一半,蛋氨酸也不足。棉籽饼中含有游离棉酚,长期大量饲喂会引起中毒。牛如果摄取过量(日喂8千克以上)或食用时间过长,导致中毒。犊牛日粮中一般不超过20%,种公牛日粮不超过30%。在短期强度育肥架子牛日粮中棉籽饼可占精料的60%。

③花生饼、粕。其营养价值较高,但氨基酸组成不好,赖氨酸含量只有大豆饼、粕的一半,蛋氨酸含量也较低,花生饼粕的营养

成分随含壳量的多少而有差异，带壳的花生饼、粕粗纤维含量为20%～25%，粗蛋白质及有效能相对较低。由于花生饼、粕极易感染黄曲霉，产生黄曲霉毒素，因此犊牛期间禁止饲喂。

④菜籽饼、粕。有效能较低，适口性较差。粗蛋白质含量在34%～38%，矿物质中钙和磷的含量均高，特别是硒含量为1.0毫克/千克，是常用植物性饲料中最高者。菜籽饼、粕中含有硫葡萄糖苷、芥酸等毒素。在肉牛日粮中要限量并与其他饼、粕搭配使用。

另外还有胡麻饼、粕，芝麻饼、粕，葵花籽饼、粕都可以作为肉牛蛋白质补充料。

(2)玉米加工的副产品

①玉米蛋白粉。由于加工方法及条件不同，蛋白质的含量在25%～60%。蛋白质的利用率较高，氨基酸的组成特点是蛋氨酸含量高而赖氨酸不足，含有很高的类胡萝卜素。由于其比重大，应与其他体积大的饲料搭配使用。由于玉米蛋白粉蛋白质瘤胃降解率较低，是常用的非降解蛋白补充料，但不如保护豆粕的效果较好，可能是其蛋白质品质较差。

②玉米胚芽饼。粗蛋白含量20%左右，由于价格较低，蛋白质品质较好，近年来在肉牛日粮应用较多。

③玉米酒精糟。分3种，第一种是酒精糟经分离脱水后干燥的部分，简称DDG；第二种是酒精糟滤液经浓缩干燥后所得的部分，简称DDS；第三种是“DDG”与“DDS”的混合物，简称DDGS。一般以DDS的营养价值较高，DDG的营养价值较差，DDGS的营养价值居前两者之间，以玉米为原料的DDG、DDS、DDGS的粗蛋白质含量基本相近，但三者的粗纤维含量则分别为11%、7%和4%左右。但三者的氨基酸含量及利用率都不理想，不适宜作为唯一的蛋白源。

(3)其他加工副产品　主要指糟渣类，是酿造、淀粉及豆腐加工行业的副产品。其主要特点是水分含量高达70%～90%，干物质中蛋白质含量为25%～33%，B族维生素丰富，还含有维生素B_{12}及一些有利于动物生长的未知生长因子。

①豆腐渣、酱油渣及粉渣。多为豆科籽实类加工副产品，干物质中粗蛋白质的含量在20%以上，粗纤维较高。维生素缺乏，消化率也较低。这类饲料水分含量高，一般不宜存放过久，否则极易被霉菌及腐败菌污染变质。

②酒糟、醋糟。多为禾本科籽实及块根、块茎的加工副产品，酒糟的营养价值高低因原料的种类不同而异。好的粮食酒糟和大麦啤酒糟要比薯类酒糟营养价值高2倍左右。酒糟含有丰富蛋白质(19%～30%)、粗脂肪和丰富的B族维生素，是肉牛的一种廉价饲料。酒糟中含有一些残留的酒精，对妊娠母牛不宜多喂，干酒糟用量5%～7%，鲜酒糟用量每天每头不要超过7千克。醋糟营养价值不如酒糟。

③甜菜渣。甜菜渣是制糖工业的副产品，适口性好，是牛的调节性的好饲料。新鲜甜菜渣含水量高，营养价值低，含有大量游离的有机酸，喂量不能过大，否则引起腹泻。

2.单细胞蛋白质饲料

主要包括酵母、真菌及藻类。以饲料酵母最具有代表性，饲料酵母含蛋白质高(40%～60%)，生物学价值较高，脂肪低，粗纤维和灰分含量取决于酵母来源。B族维生素含量丰富，矿物质中钙低而磷、钾含量高。酵母在日粮中可添加2%～5%，用量一般不超过10%。

市场上销售的“饲料酵母”大多数是固态发酵生产的，确切一点讲，应称为“含酵母饲料”，这是以玉米蛋白粉等植物蛋白饲料作培养基，经接种酵母菌发酵而成，这种产品中真正的酵母菌体蛋白含量很低，大多数蛋白仍然以植物蛋白形式存在，其蛋白品质较差，使用时应与饲料酵母加以区别。

3. 非蛋白氮饲料

一般指通过化学合成的尿素、铵盐等。牛瘤胃中的微生物可利用这些非蛋白氮合成微生物蛋白，和天然蛋白质一样被供宿主消化利用。

尿素含氮46%左右，其蛋白质当量为288%，按含氮量计，1千克含氮为46%的尿素相当于6.8千克含粗蛋白质42%的豆饼。尿素的溶解度很高，在瘤胃中很快转化为氨，尿素饲喂不当会引起致命性的中毒。因此使用尿素时应注意：

①尿素的用量应逐渐增加，应有2周以上的适应期。

②只能在6月龄以上的牛日粮中使用尿素，因为6月龄以下时瘤胃尚未发育完全。

③和淀粉多的精料混匀一起饲喂，尿素不宜单喂，应于其他精料搭配使用，也可调制成尿素溶液喷洒或浸泡粗饲料，或调制成尿素青贮料，或制成尿素颗粒料、尿素精料砖等。

④不可与生大豆或含脲酶高的大豆粕同时使用。

⑤尿素应与谷物或青贮料混喂。禁止将尿素溶于水中饮用，喂尿素1小时后再给牛饮水。

⑥尿素的用量一般不超过日粮干物质的1%，或每100千克体重15～20克。

近年来，为降低尿素在瘤胃的分解速度，改善尿素氮转化为微生物氮的效率，防止牛尿素中毒，研制出了许多新型非蛋白氮饲料，如糊化淀粉尿素、异丁基二脲、磷酸脲、羟甲基尿素等。

（六）矿物质饲料

矿物质饲料是牛生长、发育、繁殖必不可少的饲料，包括钙源饲料、磷源饲料和食盐。肉牛禁用骨粉和肉骨粉等动物饲料。

1. 钙源饲料

目前使用的钙源饲料主要有石粉，主要成分是碳酸钙，是补充钙最经济的钙源。石粉的含钙量为38%左右，要求粉碎粒度通过80目筛以上。

2. 磷源饲料

磷源饲料主要有磷酸氢钙、磷酸二氢钙、磷酸氢钠、磷酸钠、脱氟磷酸钙等，这类饲料消化利用比单纯的钙矿物质好，故在生产中应用较多。

3. 食盐

食盐是配合饲料必不可少的矿物质饲料，肉牛以植物性饲料为主，摄入的钠和氯不能满足其营养需要，必须补充食盐。一般食盐的用量为日粮干物质的0.3%～0.4%，占精料的1%左右。

4. 其他

沸石可在肉牛精料混合料中添加4%～6%，能吸附胃肠道有害气体，并将吸附的铵离子缓慢释放，供牛体合成菌体蛋白，提高牛对饲料养分的利用率，为牛提供多种微量元素。

(七)维生素饲料

维生素饲料指为牛提供各种维生素类的饲料，包括工业合成或提纯的单一维生素和复合维生素。

肉牛有发达的瘤胃，其中的微生物可以合成维生素K和B族维生素，肝、肾中可合成维生素C，一般除犊牛外，不需额外添加，只考虑维生素A、维生素D、维生素E。维生素A乙酸酯(20万国际单位/克)添加量为每千克日粮干物质14毫克。维生素D_3微粒(1万国际单位)添加量为每千克日粮干物质27.5毫克。维生素E粉(20万国际单位)添加量为每千克日粮干物质0.38～3毫克。

(八)饲料添加剂

饲料添加剂是指在配合饲料中加入的各种微量成分,包括营养性添加剂和非营养性添加剂。其作用是完善饲料的营养性,提高饲料的利用率,促进肉牛的生长和预防疾病,减少饲料在贮存期间的营养损失,改善产品品质。

为了生产健康、无公害牛肉,所使用的饲料添加剂按中华人民共和国农业部公告——第105号和《饲料药物添加剂使用规范》农牧发[2001]20号文件和《中华人民共和国农业部公告——农业部已批准使用的饲料添加剂》执行。

1.肉牛营养性添加剂

(1)微量元素添加剂　主要是补充饲粮中微量元素的不足。肉牛常需要补充的微量元素有7种,即铁、铜、锰、锌、碘、硒、钴。微量元素的应用开发经历了3个阶段,即无机盐阶段、简单的有机化合物阶段和氨基酸螯合物阶段。目前我国常用的微量元素添加剂主要还是无机盐类。微量元素添加剂及其元素含量、可利用性见表2-8。

表2-8　微量元素添加剂及其元素含量　　%

添加剂	含量	可利用率
铁:一水硫酸亚铁	30.0	100
七水硫酸亚铁	20.0	100
碳酸亚铁	38.0	15～80
铜:五水硫酸铜	25.2	100
无水硫酸铜	39.9	100
氯化铜	58	100
锰:一水硫酸锰	29.5	100
氧化锰	60.0	70
碳酸锰	46.4	30～100

续表 2-8

添加剂	含量	可利用率
锌：七水硫酸锌	22.3	100
一水硫酸锌	35.5	100
碳酸锌	56.0	100
氧化锌	48.0	100
碘：碘化钾	68.8	100
碘酸钙	59.3	—
硒：亚硒酸钠	45.0	100
钴：七水硫酸钴	21.0	100
六水氯化钴	24.3	100

数据来源：2002《中国饲料》。

微量元素氨基酸螯合物是指以微量元素离子为中心原子，通过配位键、共价键或离子键同配体氨基酸或低分子肽键合而成的复杂螯合物。微量元素氨基酸螯合物稳定性好，具有较高的生物学效价及特殊的生理功能。研究表明，微量元素氨基酸螯合物能使被毛光亮，并且能治疗肺炎、腹泻。用氨基酸螯合锌、氨基酸螯合铜加抗坏血酸饲喂小牛，可以治疗小牛沙门氏菌感染。试验表明，黄牛的日粮中每天添加 500 毫克蛋氨酸锌，增重比对照组提高 20.7％。

日粮中添加微量元素除了要考虑微量元素的化合物形式，还要考虑各种微量元素之间存在的拮抗和协同的关系。如日粮中锰的含量较低时会造成动物体内硒水平的下降；日粮中钴、硫的含量与动物体内硒的含量呈负相关。在使用微量元素添加剂时，一定要充分拌匀，防止与大水分原料混合，以免凝集、吸潮，影响混合均匀度。

(2)维生素添加剂　成年牛的瘤胃微生物可以合成维生素 K 和 B 族维生素，肝、肾中可合成维生素 C，一般除犊牛外，不需额外添加，只考虑维生素A、维生素D、维生素E。

①维生素A添加剂。高精料日粮或饲料贮存时间过长容易缺乏维生素A，维生素A是肉牛日粮中最容易缺乏的维生素。维生素A的化合物名称是视黄醇，极易被破坏。制成维生素添加剂是先用醋酸或丙酸或棕榈酸进行酯化，提高它的稳定性，然后再用微囊技术把酯化了的维生素A包被起来，一方面保护它的活性，另一方面增加颗粒体积，便于在配合饲料中搅拌。

在以干秸秆为主要粗料，无青绿饲料时，每千克肉牛日粮干物质中需添加维生素A添加剂（含20万国际单位/克）14毫克。

②维生素D添加剂。维生素D可以调节钙磷的吸收。用高精料日粮和高青贮日粮肥育肉牛时，肉牛也容易缺乏维生素D。

维生素D分为2种，一种是维生素D_2（麦角骨化醇），另一种是维生素D_3（胆骨化醇）。维生素D_3添加剂也是先经过醋酸的酯化，再用微囊或吸附剂加大颗粒。

维生素D添加剂的活性成分含量为1克中含有500 000国际单位，或200 000国际单位。1个国际单位＝0.025微克结晶维生素D_2或维生素D_3。

在以干秸秆为主要粗料，无青绿饲料时，育肥也应注意维生素D_3的供给，每千克肉牛日粮干物质中需添加维生素D_3添加剂（含1万国际单位/克）27.5毫克。

③维生素E添加剂。维生素E也叫生育酚。维生素E能促进维生素A的利用，其代谢又与硒有协同作用，维生素E缺乏时容易造成白肌病。肉牛日粮中应该添加维生素E，每千克肉牛日粮干物质中需添加维生素E（含20万国际单位/克）0.38～3克。

（3）氨基酸添加剂　蛋白质由22种氨基酸组成，对肉牛来说，最关键的5种限制性氨基酸是赖氨酸、蛋氨酸、色氨酸、精氨酸、胱氨酸。而赖氨酸和蛋氨酸是我国应用最多的氨基酸添加剂。

①赖氨酸添加剂。常用的赖氨酸添加剂为*L*-赖氨酸盐酸盐，

化学名称为 *L*-2,6-二氨基己酸盐酸盐。本品为白色或淡褐色粉末,易溶于水,无味或稍有异味。

②蛋氨酸添加剂。蛋氨酸的产品有 3 种,即 *DL*-蛋氨酸、羟基类蛋氨酸钙和 N-羟甲基蛋氨酸钙。羟基类蛋氨酸钙是 *DL*-蛋氨酸合成中其氨基由羟基所代替的一种产品,作用和功能与蛋氨酸相同,使用方便,同时适用于反刍动物。一般蛋氨酸在瘤胃微生物作用下会脱氨基而失效,而羟基类蛋氨酸钙只提供碳架,本身并不发生脱氨基作用;瘤胃中的氨能作为氨基的来源,使其转化为蛋氨酸。N-羟甲基蛋氨酸钙又称保护性蛋氨酸,具有过瘤胃的性能,适用于反刍动物。

(4)小肽　小肽是指 10 个以下的氨基酸残基构成的短链的肽。大量的研究发现,某些肽和游离氨基酸一样也能够被吸收,而且与游离氨基酸相比,肽的吸收具有速度快、耗能低、吸收率大等优势,从而提高了动物对蛋白质的利用率。有些肽还可以作为生理活性物质直接被动物吸收,参与动物生理功能和代谢调节。

(5)共轭亚油酸(CLA)　CLA 是食物中的天然成分,普遍存在于反刍动物性食品,如牛奶、牛羊肉及脂肪中。CLA 已成为营养研究的热点,大量的研究证明,CLA 对改善动物机体代谢,重新分配营养素,减少脂肪沉积,增加瘦肉率,改善肉品质,提高免疫系统功能有显著效果。CLA 在肉牛日粮中添加,可生产出具有保健功能的优质牛肉。

2. 肉牛非营养性添加剂

(1)瘤胃发酵调控制剂　合理调控瘤胃发酵,对提高肉牛的生产性能,改善饲料利用率十分重要。瘤胃发酵调控剂包括脲酶抑制剂、瘤胃代谢控制剂、缓冲剂等。

①脲酶抑制剂。脲酶抑制剂是一类能够调控瘤胃微生物脲酶活性,从而控制瘤胃中氨的释放速度,达到提高尿素等利用率的一类添加剂。

磷酸钠:李建国等研究证实适宜的磷酸钠水平,具有抑制脲酶活性的作用,用永久性瘤胃瘘管绵羊进行测定,适宜的磷酸钠水平,可使瘤胃内氨氮浓度降低 20.7%,微生物蛋白产量提高 48.9%,磷酸钠是一种来源广泛、价格低廉的脲酶抑制剂,使用时只要和尿素一起均匀拌入精料中即可。

氧肟酸盐:是国内外认为最有效的一类脲酶抑制剂,需经化学方法合成,工艺较复杂,虽然效果好,但成本高。

②瘤胃代谢控制剂。瘤胃代谢控制剂可以增加瘤胃内能量转化率较高的丙酸的产量,减少甲烷气体的生成引起的能量损失,减少蛋白质在瘤胃中降解脱氨损失,增加瘤胃蛋白数量。提高干物质和能量表观消化率。减少瘤胃中乳酸的生成和积累,维持瘤胃正常 pH,防止乳酸中毒;作为离子载体,促进细胞内外离子交换,增加对磷、镁及某些微量元素在体内沉积。通过以上途径提高肉牛的增重和饲料利用效率。主要包括聚醚类抗生素——莫能菌素、卤代化合物、二芳基碘化学品等。

瘤胃素(莫能菌素):瘤胃素的作用主要是通过减少甲烷气体能量损失和饲料蛋白质降解、脱氨损失、控制和提高瘤胃发酵效率,从而提高增重速度及饲料转化率。放牧肉牛和以粗饲料为主的舍饲肉牛,每日每头添加 150～200 毫克瘤胃素,日增重比对照牛提高 13.5%～15%,放牧肉牛日增重提高 23%～45%。高精料强度育肥舍饲肉牛,每日每头添加 150～200 毫克瘤胃素,日增重比对照组提高 1.6%,每千克增重减少饲料消耗 7.5%;若每千克日粮干物质添加 30 毫克,饲料转化率提高 10%左右。熊易强等在舍饲肉牛日粮中添加瘤胃素,日增重提高 17.1%,每千克增重减少饲料消耗约 15%。瘤胃素的用量,肉牛每千克日粮 30 毫克或每千克精料混合料 40～60 毫克。实际应用时应根据日粮组成确定最适宜剂量。要均匀混合在饲料中,最初喂量可低些,以后逐渐增加。

卤代化合物:卤代化合物主要是用于抑制瘤胃中甲烷的产生,据报道,体外发酵试验可使甲烷产量减少70%。常用的有:多卤化醇、多卤化醛、多卤化酸和氯醛淀粉等,如二氯乙烯基二甲基磷酸盐、三氯甲烷等。其饲用效果与分子中卤素数量和种类有关,碘>溴>氯。

二芳基碘化学品:是另一类瘤胃代谢调控剂,主要用来抑制瘤胃中氨基酸的分解,特别是对缬氨酸、蛋氨酸、异亮氨酸、亮氨酸以及苯丙氨酸的保护最为有效。还可降低甲烷产量,增加丙酸产量,在低蛋白日粮中添加效果良好。

③缓冲剂。对于肉牛,要获取较高的生产性能,必须供给其较多的精料。但精料量增多,粗饲料减少,会形成过多的酸性产物。另外,大量饲喂青贮饲料,也会造成瘤胃酸度过高,影响牛的食欲,瘤胃pH下降,并使瘤胃微生物区系被抑制,对饲料消化能力减弱。在高精料日粮和大量饲喂青贮时适当添加缓冲剂,可以增加瘤胃内碱性蓄积,改变瘤胃发酵,增强食欲,提高养分消化率,防止酸中毒。比较理想的缓冲剂首推碳酸氢钠(小苏打),其次是氧化镁。实践证明,以上缓冲剂以合适的比例混合共用,效果更好。

碳酸氢钠:主要作用是调节瘤胃酸碱度,增进食欲,提高牛体对饲料消化率以满足生产需要。用量一般占精料混合料1%~1.5%,添加时可采用每周逐渐增加(0.5%、1%、1.5%)喂量的方法,以免造成初期突然添加使采食量下降。碳酸氢钠与氧化镁合用比例以(2~3)∶1较好。

氧化镁:主要作用是维持瘤胃适宜的酸度,增强食欲,增加日粮干物质采食量,有利于粗纤维和糖类消化。用量一般占精料混合料的0.75%~1%或占整个日粮干物质的0.3%~0.5%。氧化镁与碳酸氢钠混合比例及用法参照碳酸氢钠的用量用法。

添加碳酸氢钠,应相应减少食盐的喂量,以免钠食入过多,但应同时注意补氯。

(2)抗生素添加剂　由于抗生素饲料添加剂会干扰成年牛瘤胃微生物并在牛肉中残留,因此一般成年牛和育肥牛中不使用,只应用于犊牛。犊牛常用的抗生素添加剂有以下几种。

①杆菌肽。以杆菌肽锌应用最为广泛,其功能为:能抑制病原菌的细胞壁形成,影响其蛋白质合成和某些有害的功能,从而杀灭病原菌;能使肠壁变薄,从而有利于营养吸收;能够预防疾病(如下痢、肠炎等),并能将因病原菌引起碱性磷酸酶降低的浓度恢复到正常水平,使牛正常生长发育,对虚弱犊牛作用更为明显。使用量:3 月龄以内犊牛每吨饲料添加 10～100 克(42 万～420 万效价单位),3～6 月龄犊牛每吨饲料添加 4～40 克。

②硫酸黏杆菌素。又称抗敌素、多黏菌素 E,作为饲料添加剂使用时,可促进生长和提高饲料利用率,对沙门氏菌、大肠杆菌、绿脓杆菌等引起的菌痢具有良好的防治作用。但大量食用可导致肾中毒。硫酸黏杆菌素如果与抗革兰氏阳性菌的抗生素配伍,具有协同作用。不能与氯霉素、土霉素、喹乙醇同时使用。我国批准进口的"万能肥素"即为硫酸黏杆菌素与杆菌肽锌复合制剂(5∶1)。集杆菌肽锌和黏杆菌素优点为一体,具有抗菌谱广、饲养效果好的特点。硫酸黏杆菌作为饲料添加剂用量为:每吨饲料不超过 20 克。

③黄霉素。又名黄磷脂霉素。它干扰细胞壁结构物质肽聚糖的生物合成而抑制细菌繁殖,为畜禽专用抗菌促长药物。作为饲料添加剂不仅可防治疾病,还可降低肠壁厚度、减轻肠壁重量的作用,从而促进营养物质在肠道的吸收,促进动物生长,提高饲料利用率。肉牛 30～50 毫克/(头·天)。

(3)益生素添加剂　常用的益生菌制剂主要有乳酸菌类、芽孢杆菌和活酵母菌。其中乳酸菌类主要应用的有嗜酸乳杆菌、双歧乳杆菌和粪链球菌;活酵母作为饲料添加剂主要应用酿酒酵母和石油酵母。反刍动物幼犊开食料中使用的微生物主要是乳酸杆菌、肠球菌以及啤酒酵母等,也可以使用米曲霉提取物。成年牛的微生物添加剂目前普遍使用米曲霉和啤酒酵母,使用量为4～100克/天。

(4)酶制剂　饲用酶制剂主要应用于犊牛的人工乳、代乳料或开食料中,常使用的酶制剂有淀粉酶、蛋白酶和脂肪酶,激活内源酶的分泌,提高和改善犊牛的消化功能,增强犊牛的抵抗力。应用于成年牛的主要是纤维素降解酶类和复合粗酶制剂。复合酶制剂含有各种纤维素酶、淀粉酶、蛋白酶等,可提高肉牛生产性能。

(5)寡糖　寡糖亦称低聚糖,是指由2～10个单糖以糖苷键连接形成的具有直链或支链的低度聚合糖类的总称。寡糖能促进有益菌(如双歧杆菌)的增殖,吸附肠道病原菌,提高动物免疫力。目前,研究、应用最多的是果寡糖(FOS)、反式半乳糖(TOS)和大豆寡糖。和酶制剂、微生物制剂相比,低聚糖结构稳定,不存在贮藏、加工过程中的失活问题。

三、生态日粮的配制技术

肉牛日粮是指1头牛一昼夜所采食的各种饲料的总量,其中包括精饲料、粗饲料和青绿多汁饲料等。根据肉牛饲养标准和饲料营养价值表,选取几种饲料,按一定比例相互搭配而成的日粮。要求日粮中含有的能量,蛋白质等各种营养物质的数量及相互比例能够满足一定体重阶段预定增重结果的需要量,这就叫全价日粮或平衡日粮。生态日粮就是利用生态营养学理论和方法,围绕畜禽产品健康和减轻畜禽对环境污染等问题,从原料的选购、配方设计、加工饲喂等过程进行严格质量控制,并实施动物营养调控,从而控制可能发生的畜禽产品公害和环境污染,使饲料达到低成本、高效益、低污染的效果。

(一)肉牛饲料的分类

1.按物理形状

分为散碎料、颗粒饲料、块(砖)饲料、饼饲料、液体饲料等。

2.按其营养构成

分为全价配合饲料、精料混合料、浓缩饲料和添加剂预混料。这4种产品的彼此关系见图2-1。

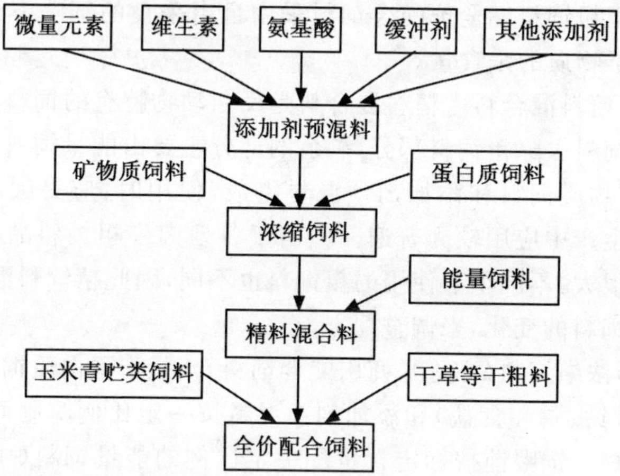

图2-1　牛配合饲料组分模式图

(1)全价配合饲料(全饲粮配合饲料)　肉牛全价配合饲料简称配合饲料,是根据肉牛不同生理阶段(生长、妊娠、哺乳、空怀、配种、育肥)和不同生产水平对各种营养成分的需要量,把多种饲料原料和添加成分按照规定的加工工艺配制成均匀一致、营养价值完全的饲料产品。肉牛的全价配合饲料和单胃动物的全价配合饲料区别在于肉牛的全价配合饲料包括很大一部分粗饲料,肉牛的全价配合饲料由粗饲料(秸秆、干草、青贮等)、精饲料(能量饲料、蛋白质饲料)、矿物质饲料以及各种饲料添加剂组成。使用全饲粮配合饲料喂牛时,必须将粗饲料粉碎,用营养完善、价格便宜的配方加工调制成的配合饲料,可直接喂肉牛。全价配合饲料的主要优点为:①营养全面,饲养效果好。促进肉牛生长、育肥,节省饲料,降低成本。②由于配合饲料采用了先进的技术与工艺,加上良好的设备、科学化的饲料配方、质量管理标准化,使配合饲料便于工业化生产,机械化操作,节省劳力,大大提高劳动生产率。适合于肉牛场机械化饲养。③可以经济合理地利用饲料资源,也可较多地利用粗饲料。全价配合饲料采用自由采食的饲喂方法,可增加牛对干物质的采食量。

(2)精料混合料　精料混合料是反刍动物特有的饲料,肉牛全价配合饲料去除粗饲料部分,剩余的部分主要由能量饲料、蛋白质饲料、矿物质饲料和添加剂预混料组成,使用时,应另喂粗饲料。在养牛生产中应用较为普遍。但由于各地肉牛粗饲料品种、质量等相差很大,不同季节使用的粗饲料也不同,因此精饲料混合料应根据粗饲料的变化,来调整配方。

(3)浓缩饲料(亦称平衡用配合饲料)　是指蛋白质饲料、矿物质饲料(钙、磷和食盐)和添加剂预混料按一定比例配制而成的均匀混合物。饲喂前按标定含量配一定比例的能量饲料(主要是玉米、麸皮等),就是精料补充料。

(4)添加剂预混料　由一种或多种营养性添加剂和非营养性添加剂,并以某种载体或稀释剂按一定比例配制而成的均匀混合物。它是一种不完全饲料,不能单独直接喂肉牛。

(二)肉牛生态日粮配合的原则

对肉牛生态日粮进行合理配方的目的是要在生产实际中获得最佳生产性能和最高利润,并且低污染,因此肉牛的生态日粮配合应遵循以下原则:

(1)适宜的饲养标准　根据肉牛不同的生理阶段,选择适宜的饲养标准，另外我国肉牛的饲养标准是根据我国的生产条件，在中立温度、舍饲和无应激的环境下制定的，所以在实际生产中应根据实际饲养情况做必要的调整。

(2)本着经济性的原则，选择饲料原料　充分利用当地饲料资源，因地制宜，就地取材，充分利用当地农副产品，可以降低饲养成本。

(3)饲料种类应多样化　根据牛的消化生理特点，合理选择多种原料进行合理搭配，并注意适口性和易消化性，善待动物。多种原料进行合理搭配，可以使饲料营养得到互补，提高日粮营养价值和饲料利用率。所选的饲料应新鲜、无污染对畜产品质量无影响。

(4)适当的精粗比例　根据牛的消化生理特点，精饲料与粗饲料之间的比例，关系到肉牛的肥育方式和肥育速度，并且对肉牛健康十分必要。以干物质基础，日粮中粗饲料比例一般在40%～60%，强度育肥期精料可高达70%～80%。

(5)日粮应有一定的体积和干物质含量　所用的日粮数量要使牛吃得下、吃得饱并且能满足营养需要。

(6)正确使用饲料添加剂　根据牛的消化生理特点，添加氨基酸、脂肪等添加剂，应注意保护，以免遭受瘤胃微生物的破坏。不使用违禁饲料添加剂和不符合卫生标准的饲料原料，不滥用会对环境(土地、水资源等)造成污染的饲料添加剂，抗生素添加剂会对成年牛的瘤胃微生物造成损害和产品的残留，应避免使用。提倡使用有助于动物排泄物分解和去除不良气味的安全性饲料添加剂。

(三)肉牛日粮配合的方法

日粮配合的方法有电脑配方设计和手工计算法。

电脑配方设计需要相应的计算机和配方软件，通过线性规划原理，在极短的时间内，求出营养全价并且成本最低的最优日粮配方，适合规模化肉牛场应用。目前使用较广泛的是 Excel 配方软件，它是在 Excel 2000 的“规划求解”工具宏的基础上开发的一套实用配方计算工具，使用者倘若具有 Excel 2000 应用基础，则可以很快地学会并熟练使用它进行配方的计算。

手工计算法即运用掌握的肉牛营养和饲养知识，结合前面的配制原则，运用试差法、联立方程法、对角线法等进行运算，最终设计出肉牛日粮。此法也是饲料配方的常规计算方法，简单易学、可充分体现设计者的意图，设计过程清楚。但需要有一定的实践经验，计算过程复杂，盲目性较大，且不易筛选出最佳配方。手算法配制日粮的基本步骤：①查肉牛饲养标准，确定肉牛总的养分需要量，包括干物质、肉牛能量单位、粗蛋白质、钙、磷等的营养需要，还要考虑环境等对能量的额外需要。②查肉牛常用饲料营养成分和营养价值表，有条件的地方，最好使用实测的原料养分含量值，这样可减少误差。③计算或设定肉牛每日应给与的青、粗饲料的数量，以干物质基础，日粮中粗饲料比例一般在 40%～60%。一般根据青贮料水分，每 3～5 千克的可代替 1 千克的干草。并计算出青粗饲料所提供的营养成分的数量。④与饲养标准相比较，确定应由精料补充料提供的养分数量。⑤精料补充料的配制。在确定差值后，可形成新的精料营养标准，选择好精料原料，草拟精料配方，用手算法或借助计算工具检查、调整精料配方，直到与标准相符合。⑥钙、磷可用矿物质饲料来补充，食盐可另外添加，根据实际需要，再确定添加剂的添加量。最后将所有饲料原料提供的各种养分进行综合，与饲养标准相比较，并调整到与其基本一致（范围在±5%）。⑦列出肉牛日粮配方和所提供的营养水平，并附以精料补充料配方。

1. 试差法

设计肉牛日粮配方实例：生长育肥牛体重 400 千克、预期日增重 1.0 千克的舍饲肉牛配合日粮。

(1)营养需要量　查肉牛饲养标准,得知肉牛营养需要(表 2-9)。

表 2-9　体重 400 千克、日增重 1.0 千克肉牛营养需要量

干物质/千克	肉牛能量单位/个	粗蛋白质/克	钙/克	磷/克
8.56	6.27	866	33	20

(2)营养成分含量　在肉牛常用饲料营养价值表中查出所选饲料的营养成分含量(表 2-10)。

表 2-10　饲料营养成分含量(干物质基础)

饲料名称	干物质/%	肉牛能量单位/(个/千克)	粗蛋白质/%	钙/%	磷/%
玉米青贮	22.7	0.54	7.0	0.44	0.26
玉米	88.4	1.13	9.7	0.09	0.24
麸皮	88.6	0.82	16.3	0.20	0.88
棉饼	89.6	0.92	36.3	0.30	0.90
磷酸氢钙				23	16
石粉				38.00	

(3)自定精、粗饲料用量及比例　自定日粮中精料占 50%,粗料 50%。由肉牛的营养需要可知每日每头牛需 8.56 千克干物质,所以每日每头由粗料(青贮玉米)应供给的干物质质量为 8.56×50%=4.28 千克,首先求出青贮玉米所提供的养分量和尚缺的养分量(表 2-11)。

表 2-11　粗饲料提供的养分量

养分量	干物质/千克	肉牛能量单位/个	粗蛋白质/克	钙/克	磷/克
需要量	8.56	6.27	866	33	20
4.28 千克青贮玉米干物质提供	4.28	2.31	300	18.83	11.13
尚差	4.28	3.96	566	14.17	8.87

所以，由精料所提供的养分应为干物质 4.28 千克，肉牛能量单位 3.96 个，粗蛋白质 566 克，钙 14.17 克，磷 8.87 克。

（4）精料养分含量　试定各种精料用量并计算出养分含量（表 2-12）。

表 2-12　试定精料养分含量

饲料种类	用量/千克	干物质/千克	肉牛能量单位/个	粗蛋白/克
玉米	2.7	2.386	2.696	231
麸皮	0.6	0.532	0.436	86.7
棉饼	0.98	0.878	0.808	318.7
合计	4.28	3.8	3.94	636.4

由表 2-12 可见拟定的日粮中的肉牛能量单位略低，应增加能量饲料；而粗蛋白高，应相应减蛋白质饲料，调整后精料养分含量如表 2-13 所示。

表 2-13　调整后精料养分含量

饲料种类	用量/千克	干物质/千克	肉牛能量单位/个	粗蛋白质/克	钙/克	磷/克
玉米	2.9	2.564	2.897	248.7	2.3	6.15
麸皮	0.6	0.532	0.436	86.7	1.06	4.68
棉饼	0.78	0.699	0.643	253.7	2.10	6.29
合计	4.28	3.8	3.98	589.1	5.46	17.12
与标准比		－0.48	＋0.02	＋23.1	－8.71	＋8.78

由表 2-13 可见干物质尚差 0.48 千克，在饲养实践中可适当增加青贮玉米喂量。日粮中的消化能和粗蛋白已基本符合要求，能量和蛋白质符合要求后再看钙和磷的水平，钙、磷的余缺用矿物质饲料调整，本例中磷已满足需要，不必考虑补钙又补磷的饲料，用石粉补足钙即可。

石粉用量＝8.71÷0.38＝22.9 克。

混合料中另加 1％食盐，约合 0.04 千克。

(5)百分比　列出日粮配方与精料混合料的百分比组成(表2-14)。

表 2-14　育肥牛日粮组成

日粮	青贮玉米	玉米	麸皮	棉饼	石粉	食盐
供量(干物质态)/千克	4.28	2.564	0.532	0.699	0.023	0.04
供量(饲喂态)/千克	18.85	2.9	0.6	0.78	0.023	0.04
精料组成/％	—	66.77	13.82	17.96	0.53	0.92

在实际生产中青贮玉米的喂量应增加 10％的安全系数，即每头牛每天的投喂量应为 20.74 千克。混合精料可按表 2-14 的比例混合，每天每头的投喂量为 4.4 千克。

2. 对角线法

设计肉牛日粮配方实例：生长育肥牛体重 350 千克，预期日增重 1.2 千克的舍饲牛配合日粮。

(1)营养需要量　查肉牛饲养标准，得知肉牛营养需要(表 2-15)。

表 2-15　体重 350 千克、日增重 1.2 千克肉牛营养需要量

干物质/千克	肉牛能量单位/个	粗蛋白质/克	钙/克	磷/克
8.41	6.47	889	38	20

(2)营养成分含量　在肉牛常用饲料营养价值表中查出所选饲料的营养成分含量(表 2-10)。

(3)自定精、粗饲料用量及比例　自定日粮中精料占 50％，粗料 50％。由肉牛的营养需要可知每日每头牛需 8.41 千克干物质，所以每日每头由粗料(青贮玉米)应供给的干物质质量为 8.41×50％＝4.2 千克，首先求出青贮玉米所提供的养分量和尚缺的养分量(表 2-16)。

表 2-16　粗饲料提供的养分量

养分量	干物质/千克	肉牛能量单位/个	粗蛋白质/克	钙/克	磷/克
需要量	8.41	6.47	889	38	20
4.2 千克青贮玉米干物质提供	4.2	2.27	294	18.48	10.92
尚差	4.21	4.20	595	19.52	9.08

所以，由精料所提供的养分应为干物质 4.21 千克，肉牛能量单位 4.20，粗蛋白质 595 克，钙 19.52 克，磷 9.08 克。

(4)能量单位比　求出各种精料和拟配混合料粗蛋白/肉牛能量单位比。

玉米＝97/1.13＝85.84

麸皮＝163/0.82＝198.78

棉饼＝363/0.92＝394.57

拟配精料混合料＝595/4.20＝141.67

(5)精料用量　用对角线法算出各种精料用量。

①先将各精料按蛋白能量比分为两类，一类高于拟配混合料，一类低于拟配混合料，然后一高一低两两搭配成组。本例高于 141.67 的有麸皮和棉饼，低的有玉米。因此玉米既要和麸皮搭配，又要和棉饼搭配，每组画一个正方形。将 3 种精料的蛋白能量比置于正方形的左侧，拟配混合料的蛋白能量比放在中间，在两条对角线上做减法，大数减小数，得数是该饲料在混合料中应占有的能量比例数。

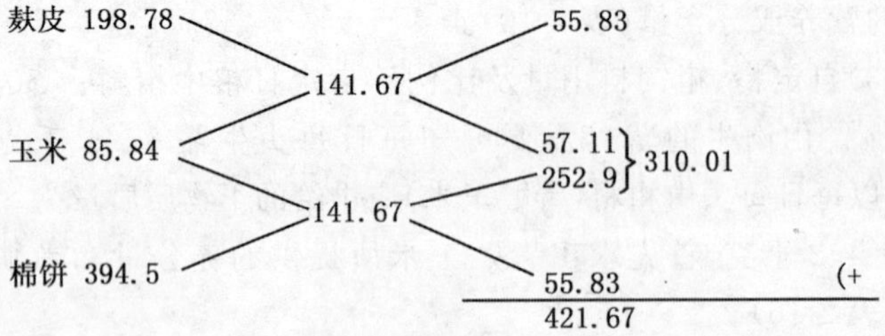

②本例要求混合精料中肉牛能量单位是4.20，所以应将上述比例算成总能量4.20时的比例，即将各饲料原来的比例数分别除各饲料比例数之和，再乘4.20。然后将所得数据分别被各原料每千克所含的肉牛能量单位除，就得到这3种饲料的用量了。

玉米：$310.01\times\frac{4.20}{421.67}\div1.13=2.73$（千克）

麸皮：$55.83\times\frac{4.20}{421.67}\div0.82=0.68$（千克）

棉饼：$55.83\times\frac{4.20}{421.67}\div0.92=0.60$（千克）

(6)精混养分含量　验算精料混合料养分含量(表2-17)。

表2-17　精料混合料养分含量

饲料	用量/千克	干物质/千克	肉牛能量单位/个	粗蛋白质/克	钙/克	磷/克
玉米	2.73	2.41	3.08	264.81	2.46	6.55
麸皮	0.68	0.60	0.56	110.84	1.36	5.98
棉饼	0.60	0.54	0.55	217.8	1.80	5.40
合计	4.01	3.55	4.19	593.5	7.62	17.93
与标准比		−0.66	−0.01	−1.5	−11.9	+8.85

由表2-17可以看出，精料混合料中肉牛能量单位和粗蛋白质含量与要求基本一致，干物质尚差0.66千克，在饲养实践中可适当增加青贮玉米喂量。钙、磷的余缺用矿物质饲料调整，本例中磷已满足需要，不必考虑补钙又补磷的饲料，用石粉补足钙即可。

石粉用量＝11.9÷0.38＝31.32克。

混合料中另加1%食盐，约合0.04千克。

(7)百分比　列出日粮配方与精料混合料的百分比组成(表4-18)。

表 2-18　育肥牛日粮组成

日粮	青贮玉米	玉米	麸皮	棉饼	石粉	食盐
供量(干物质态)/千克	4.2	2.73	0.68	0.60	0.031	0.04
供量(饲喂态)/千克	18.5	3.09	0.77	0.67	0.031	0.04
精料组成/%	—	67.16	16.74	14.56	0.67	0.87

在实际生产中青贮玉米的喂量应增加10%的安全系数,即每头牛每天的投喂量应为20.35千克。精料混合料可按表2-17的比例混合,每天每头的投喂量为4.6千克。

(四)尿素的有效添加问题

非蛋白态的含氮物——非蛋白氮(NPN)已广泛应用于肉牛育肥中,可部分代替饲料中的天然蛋白质,缓解蛋白饲料资源不足的问题。非蛋白氮的种类繁多,但考虑到价格、来源、副作用和饲喂等诸多因素,实际上应用于肉牛饲养中的非蛋白化合物只有少数几种,下面主要讨论一下尿素氮与能量的平衡关系及尿素的有效添加剂量。

日粮提供的能量与进入瘤胃的氮素之间的关系即瘤胃能氮平衡,当日粮能量与瘤胃氮素的比例适当时可使它们的利用效率达到最高水平。如果日粮的瘤胃能氮平衡为零,则表明平衡良好;如为正值,则说明瘤胃能量有富裕,应添加尿素;如为负值,则表明应增加瘤胃中的能量。

表2-19中的举例表明,该日粮的瘤胃能氮平衡为正105克,说明对合成瘤胃微生物蛋白质而言,瘤胃的可发酵有机物质有富裕,但降解蛋白质不足,为了使该日粮达到瘤胃微生物蛋白质合成的最佳效率,就应增加瘤胃降解蛋白质,或按尿素有效用量的方法计算出尿素的添加量,以补充瘤胃所需的降解氮。

表 2-19　肉牛日粮的瘤胃能氮平衡举例

饲料	喂量/千克	RND	粗蛋白质/克	蛋白质降解率/%	降解蛋白质/克	FOM/千克	瘤胃能氮平衡/克		
							FOM·MCP	RDP·MCP	平衡
玉米青贮(干物质25%)	25	2.0	350	50	175	2.5	340	158	182
玉米	1	1.0	86	45	39	0.39	53	35	18
棉籽饼	1	0.82	325	50	163	0.38	52	147	−95
总计		3.82	761		377	3.27	445	340	105

注：1. FOM·MCP 为根据可发酵有机物质(FOM)测算的瘤胃微生物蛋白质(MCP)。

2. RDP·MCP 为根据降解蛋白质(RDP)测算的瘤胃微生物蛋白质(MCP)。单个饲料和日粮的 RDP 转化为 MCP 的效率均按 90%计算，即 MCP＝RDP×0.9。

3. 能氮平衡＝ FOM·MCP－RDP·MCP。

由于非蛋白氮在瘤胃能氮为正平衡的条件下才能被瘤胃微生物有效利用，根据以上瘤胃平衡原理，提出了尿素有效用量的计算模式：

尿素用量＝瘤胃能氮平衡/(2.8×0.65)

式中：2.8 为尿素的粗蛋白质当量；0.65 为尿素被瘤胃微生物利用的平均效率。

如添加糊化淀粉缓解尿素等氨释放缓慢的尿素，则尿素氮转化为瘤胃微生物氮的效率可采用 0.8。表 2-19 的例中该日粮的瘤胃能氮平衡为 105 克 MCP，如果采用添加尿素达到平衡，按尿素有效用量计算为 58 克。

尿素用量＝105/(2.8×0.65)＝58(克)。

如果能氮平衡为零或负值，则表明无需再添加尿素。

第三节 粗饲料加工技术

一、饲草质量管理总则

肉牛饲草直接影响牛肉的质量，和人类健康息息相关。因此肉牛的饲料应符合中华人民共和国国家标准——《饲料卫生标准》(GB 13078)，并执行中华人民共和国农业行业标准——《无公害食品肉牛饲养饲料使用准则》(NY 5127—2002)。

各种原料青贮和干草等，分不同的刈割期调制后或购进时分别采样进行常规营养成分测定，以便根本不同的粗饲料质量，调整精料配方和喂量。

(1)青贮饲料　青贮饲料的加工调制严格按本章中青贮的调制技术进行，青贮饲料的质量按农业部颁布的青贮饲料质量评定标准进行。青贮的等级应良好以上，严禁劣质青贮饲喂肉牛。

青贮开窖时应剔除边角漏气处的腐烂块，垂直或稍倾斜面向前清底拉运，为了防止二次发酵，每天的挖进不少于 15 厘米，分上、下午 2 次拉运牛舍。冬季冰冻的青贮应先解冻后，再喂肉牛。

(2)青干草　青干草饲料的加工调制严格按本章中青干草的调制技术进行，调制或购买的青干草应按质量检验标准在二级以上，并严格管理，杜绝雨淋，防止发霉变质。杜绝劣质青干草饲喂肉牛。

干草饲喂时铡短 10 厘米长，剔除霉烂草，铡草机装入磁铁吸取铁钉、铁丝等，拾净掉叶，防止浪费。

(3)秸秆类　秸秆类饲料首先应去掉根部泥土部分，妥善保存，防止发霉变质，尽量减少风、雨、阳光等带来的损失，饲喂前应适当加工处理如氨化、微贮等，按本章秸秆加工处理技术进行，提高消化率。

二、干草的调制

青干草是将牧草、饲料作物、野草和其他可饲用植物，在质、量兼优的适宜刈割期时刈割，经自然干燥或采用人工干燥法，使其脱水，达到能贮藏，不变质的干燥饲草。调制合理的青干草，能较完善地保持青绿饲料的营养成分。

（一）牧草干燥过程的营养物质变化和损失

1. 干燥过程的生理损失

牧草在干燥过程中植物细胞的呼吸作用和氧化分解作用，营养物质的损失，一般占青干草总养分的5%～10%。青草生长期间含水70%～90%，在良好的气候条件下，刚刈割的青草散发体内的游离水速度相当快，在此期间，植物细胞并未死亡，短时间内其生理活动（如呼吸作用、蒸腾作用等）仍在进行，从而使牧草体内营养物质遭到分解破坏。经5～8小时，可使含水量降至40%～50%，细胞失去恢复膨压的能力以后才逐渐趋于死亡，呼吸作用停止。细胞死亡以后，植物体内继续进行着氧化破坏过程。这一阶段需1～2昼夜。水分降到18%左右时，细胞内各种酶的作用逐渐停止。这一时期内，水分是通过死亡的植物体表面蒸发作用而减少的。

为了避免或减轻植物体内养分，因呼吸和氧化的破坏作用而受到的严重损失，应该采取有效措施，如使用牧草刈割压扁设备，把牧草的茎压扁，叶和茎干燥速度一致，使水分迅速降低到17%以下，并尽可能减少阳光的直接曝晒。

2. 机械作用引起的损失

在干草的晒制和保藏过程中，由于搂草、翻晒、搬运、堆垛等一系列机械操作，不可避免地使部分细枝嫩叶的破碎脱落而损失。一般叶片可能损失20%～30%，嫩枝损失6%～10%。禾本科牧草损失2%～5%，豆科草的茎秆较粗大，茎叶干燥不均匀，损失最为严重，15%～35%，从而造成牧草质量的下降。牧草刈割后立即进行小堆干燥的，干物质损失最少，仅占1%。先后集成各种草垄干燥的干物质损失次之，4%～6%。而以平铺法晒草的干物质损失最为严重，可达10%～14%。

3. 阳光作用引起的损失

在自然条件下晒制干草，阳光的直接照射可使植物体所含的胡萝卜素、维生素C、叶绿素等均因光化学作用而遭破坏。相反，干草中的维生素D含量，却因阳光的照射而显著地增加，这是由于植物体内所含麦角固醇，在紫外光作用下，合成了维生素D的缘故。

4. 雨淋引起的损失

晒制干草，最忌雨淋。晒制过程中如遇雨淋，可造成干草营养物质的重大损失，而所损失的又是可溶解、易被肉牛消化的养分，可消化蛋白质的损失平均为40%，热能损失平均为50%。由于雨淋作用引起营养物质的损失较机械损失大，所以晒制干草应避免雨淋。

5. 干草发霉变质引起的损失

当青干草含水量、气温和大气湿度符合微生物活动要求时，微生物就会在干草上繁殖，从而导致干草发霉变质，水溶性糖和淀粉含量显著下降，严重时脂肪含量下降，蛋白质被分解成一些非蛋白化合物，如氨、硫化氢、吲哚等气体和一些有机酸，因此发霉的干草不能喂肉牛。

（二）牧草刈割时间

牧草过早刈割，水分多，不易晒干；过晚刈割，营养价值降低。

禾本科草类在抽穗期，豆科草类在孕蕾及初花期刈割为好。部分牧草适宜的收割期见表 2-20。

表 2-20　牧草适宜收割期

牧草种类	收割适期
紫花苜蓿	现蕾至开花初期
红三叶	早期开花或 1/2 开花期
杂三叶	早期开花或 1/2 开花期
草木樨	现蕾至开花初期
红豆草	1/2 豆荚充分成熟
沙打旺	不迟于现蕾期
绢毛铁扫帚	株高 30～40 厘米
葛藤	初夏和初秋
无芒雀麦	抽穗期或开花期
披碱草	孕穗期
羊草	抽穗期
苏丹草	孕穗期

(三)青干草的制作方法

青干草的制作方法很多，分自然干燥法和人工干燥法。

1. 自然干燥法

自然干燥法不需要设备，操作简单，但劳动强度大，效率低，晒制的干草质量差，且受天气影响大。为了便于晾晒，在实际生产中还要根据晾晒条件和天气情况适当调整收获期，适当提前或延后刈割，以避开雨季。

(1)田间晒制法　牧草刈割后，在原地或附近干燥地段摊开曝晒，每隔数小时加以翻晒，待水分降至 40%～50%时，用搂草机或手工搂成松散的草垄可集成 0.5～1 米高的草堆，保持草堆的松散通风，天气晴好可倒堆翻晒，天气恶劣时小草堆外面最好盖上塑料布，以防雨水冲淋。直到水分降到17%以下即可贮藏，如果采用摊晒和捆晒相结合的方法，可以更好的防止叶片、花序和嫩枝的脱落。

(2)草架干燥法　草架可用树干或木棍搭成，也可以做成组合式三角形草架，架的大小可根据草的产量和场地而定。虽然花费一定的物力，但架上明显加快干燥速度，干草品质好。牧草刈割后在田间干燥半天或一天，使其水分降到40%～50%时，把牧草自下而上逐渐堆放或打成15厘米左右的小捆，草的顶端朝里，并避免与地面接触吸潮，草层厚度不宜超过70～80厘米。上架后的牧草应堆成圆锥形或屋顶型，力求平顺。由于草架中部空虚，空气可以流通加快牧草水分散失，提高牧草的干燥速度，其营养损失比地面干燥减少5%～10%。

(3)发酵干燥法　由于此法干燥牧草营养物质损失较多，故只在连续阴雨天气的季节采用。将刈割的牧草在地面铺晒，使新鲜牧草凋萎，当水分减少至50%时，再分层堆积高3～6米，逐层压实，表层用塑料膜或土覆盖，使牧草迅速发热。待堆内温度上升到60～70℃，打开草堆，随着发酵产生热量的蒸散，可在短时间内风干或晒干，制得棕色干草，具酸香味，如遇阴雨天无法晾晒，可以堆放1～2个月，类似青贮原理。为防止发酵过度，每层牧草可撒为青草重0.5%～1.0%的食盐。

2.人工干燥法

(1)塑料大棚干燥法　近年来，有些地区把刈割后的牧草，经初步晾晒后移动到改造的塑料大棚里干燥，效果很好。具体做法是把大棚下部的塑料薄膜卷起30～50厘米，把晾晒后含水量在40%～50%的牧草放到棚内的架子或地面上，利用大棚的采光增温效果使空气变热，从而达到干燥牧草的目的。这种方式受天气影响小，能够避免雨淋，养分损失少。

(2)常温鼓风干燥法　为了保存营养价值高的叶片、花序、嫩枝，减少干燥后期阳光暴晒对维生素等的破坏，把刈割后的牧草在田间就地晒干至水分到40%～50%时，再放置于设有通风道的干草棚内，用鼓风机、电风扇等吹风装置，进行常温吹风干燥。采用此方法调制干草时只要不受雨淋、渗水等危害，就能获得品质优良的青干草。

(3)低温干燥法　此法采用加热的空气，将青草水分烘干，干燥温度如为50～70℃，需5～6小时，如为120～150℃，经5～30分钟完成干燥。未经切短的青草置于浅箱或传送带上，送入干燥室(炉)干燥。所用热源多为固体燃料，浅箱式干燥机每日生产干草2 000～3 000千克，传送带式干燥机每小时生产量200～1 000千克。

(4)高温快速干燥法　利用液体或煤气加热的高温气流，可将切碎成2～3厘米长的青草在数分钟甚至数秒钟内可使牧草含水量从80%～90%降到10%～12%。此法多用于工厂化生产草粉、草块。虽然有的烘干机内热空气温度可达到1 100℃，但牧草的温度一般不超过30～35℃，青草中的养分可以保存90%～95%，消化率，特别是蛋白质消化率并不降低。鲜草在含有可蒸发水分的条件下，草温不会上升到危及消化率的程度，只有当已干的草继续处在高温下，才可能发生消化率降低和产品碳化的现象。

3.调制干草过程减少损失的方法

干草调制过程的翻草、搂草、打捆、搬运等生产环节的损失不可低估，而其中最主要的恰恰是富含营养物质的叶损失最多，减少生产过程中的物理损失是调制优质干草的重要措施。

(1)减少晾晒损失　要尽量控制翻草次数，含水量高时适当多翻，含水量低时可以少翻。晾晒初期一般每天翻2次，半干草可少翻或不翻。翻草宜在早晚湿度相对较大时进行，避免在一天中的高温时段翻动。

(2)减少搂草打捆损失　搂草打捆最好同步进行,以减少损失。目前,多采取人工第一次打捆方式,把干草从草地运到贮存地、加工厂,再行打捆、粉碎或包装。为了作业方便,第一次打捆以15千克左右为宜,搂成的草堆应以此为标准,避免草堆过大,重新分捆造成落叶损失。搂草和打捆也要避开高温、干燥时段,应在早晚进行。

(3)减少运输损失　为了减少在运输过程中落叶损失,特别是豆科青干牧草,一定要打捆后搬运;打捆后可套纸袋或透气的编织袋,减少叶片遗失。

(四)青干草的品质鉴定

1.质量鉴定

(1)含水量及感官断定　青干草的最适含水量应为15%～17%,适于堆垛永久保藏;用手成束紧握时,发出沙沙响声和破裂声,草束反复折曲时易断,搓揉的草束能迅速、完全地散开,叶片干而卷曲。青干草含水量为17%～19%也可以较好地保存,用手成束紧握时无干裂声,只有沙沙声,草束反复折曲不易断,搓揉的草束散开缓慢,叶子有时卷曲。青干草含水量为19%～20%堆垛保藏时,会发热,甚至起火;用手成束紧握时无清脆的响声,容易拧成紧实而柔韧的草辫,搓拧时不折断。青干草含水量在23%以上时,不能堆垛保藏;揉搓时没有沙沙响声,多次折曲草束时,折曲处有水珠,手插入草中有凉感。

(2)颜色、气味　绿色越深,营养物质损失越少,质量越好,并具有浓郁的芳香味,如果发黄,且有褐色斑点,无香味,列为劣等。如果发霉变质有臭味,则不能饲喂。

(3)植物组成　在干草组成中,如豆科草的比例超过5%～

10%时为上等，禾本科草和杂草占 80%以上为中等，不可食杂草占 10%～15%时为劣等，有毒有害草超过 1%的不可饲用。

(4)叶量　叶量越多，说明青干草养分损失越少，植株叶片保留 95%以上的为优等，叶片损失 10%～15%的为中等，叶片损失 15%以上时为劣等。

(5)含杂质量　干草中夹杂土、枯枝、树叶等杂质量越少，品质越好。

2. 综合感官评定分级（内蒙古自治区干草等级标准，我国无统一标准）

一级：枝叶鲜绿或深绿色，叶及花序损失不到 5%，含水量 15%～17%，有浓郁的干草香味，但再生草调剂的优良干草，香味较淡。

二级：绿色，叶及花序损失不到 10%，有香味，含水量15%～17%。

三级：叶色发黑，叶及花序损失不到 15%，有干草香味，含水量 15%～17%。

四级：茎叶发黄或发白，部分有褐色斑点，叶及花序损失大于 15%，含水量 15%～17%，香味较淡。

五级：发霉，有臭味，不能饲喂。

(五)青干草的贮藏与管理

合理贮藏干草，是调制干草过程中的一个重要环节，贮藏管理不当，不仅干草的营养物质要遭到重大损失，甚至发生草垛漏水霉烂、发热，引起火灾等严重事故，给肉牛生产带来极大困难。

1. 青干草的贮藏方法

(1)露天堆垛贮藏　垛址应选择地势平坦干燥、排水良好的地方，同时要求离牛舍不宜太远。垛底应用石块、木头、秸秆等垫起铺平，高出地面 40～50 厘米，四周有排水沟。垛的形式一般采用圆形和长方形两种，无论哪种形式，其外形均应由下向上逐渐扩大，顶部又逐渐收缩成圆形，形成中大、上圆的形状。垛的大小可根据需要。

①长方形草垛。干草数量多，又较粗大宜采用长方形草垛，这种垛形暴露面积少；养分损失相应地较轻。草垛方向，应与当地冬季主风方向平行，一般垛底宽 3.5～4.5 米，垛肩宽 4.0～5.0 米，顶高 6～6.5 米，长度视贮草量而定，但不宜少于 8.0 米。堆垛的方法，应从两边开始往里一层一层地堆积，分层踩实，务使中间部分稍稍隆起，堆至肩高时，使全堆取平，然后往里收缩，最后堆积成 45°倾斜的屋脊形草顶，使雨水顺利下流，不致渗入草垛内。长方形草垛需草量大，如一次不能完成，也可从一端开始堆草，保持一定倾斜度，当堆到肩部高时，再从另一端开始，同样堆到肩高两边取齐后收顶。封顶时可用麦秸或杂草覆盖顶部，最后用草绳或泥土封压，以防大风吹刮。

②圆形垛。干草数量不多，细小的草类宜采用圆垛。和长方形草垛相比，圆垛暴露面积大，遭受雨雪阳光侵袭面也大，养分损失较多。但在干草含水量较高的情况下，圆垛由于蒸发面积大，发生霉烂的危险性也较少。圆垛的大小一般底部直径 3.0～4.5 米，肩部直径 3.5～5.5 米，顶高 5.0～6.5 米，堆垛时从四周开始，把边缘先堆齐，然后往中间填充，务使中间高出四周，并注意逐层压实踩紧，垛成后，再把四周乱草耙平梳齐便于雨水下流。

(2)草棚堆垛　气候潮湿或有条件的地方可建造简易干草棚，以防雨雪、潮湿和阳光直射。这种棚舍只需建一个防雨雪的顶棚，以及防潮的底垫即可。存放干草时，应使棚顶与干草保持一定距离，以便通风散热。

2. 防腐剂的使用

要使调制成的青干草达到合乎贮藏安全的指标（含水量 17%

以下)，生产上是很困难的。为了防止干草在贮藏过程中因水分过高而发霉变质，可以使用防腐剂，应用较为普遍的有丙酸和丙酸盐、液态氨和氢氧化物(氨或钠)等。目前丙酸应用较为普遍。液态氨不仅是一种有效的防腐剂，而且还能增加干草中氮的含量。氢氧化物处理干草不仅能防腐，而且能提高青干草消化率。

3. 干草贮藏应注意事项

(1)防止垛顶漏雨　干草堆垛后2～3周内，一般会发生坍陷现象，必须及时铺好结顶，并用秸秆等覆盖顶部，防止渗进雨水造成全垛霉烂。盖草的厚度应达7～8厘米，应使秸秆的方向顺着流水的方向，如能加盖两层草苫则防雨能力更强。草垛贮存期长，也可用草泥封顶，既可防雨又能压顶，缺点是取用不便。

(2)防止垛基受潮　干草堆垛时，最好选一地势较高地点作垛基。如牛舍附近无高台地，应该在平地上筑一堆积台。台高于地面0.3米，四周再挖0.3米左右深宽的排水沟，以免雨水浸渍草垛。不能把干草直接堆在土台上，垛基还必须用树枝、石块、乱木等垫0.2米以上，避免土壤水分渗入草垛，发生霉烂。

(3)防止干草过度发酵　干草堆垛后，营养物质继续发生变化，影响养分变化的主要因素是含水量，凡是含水量在17%以上干草，植物体内的酶及外部的微生物仍在进行活动，适度的发酵可以使草垛紧实，并使干草产生特有的香味。但过度的发酵会产生高温，不仅无氮浸出物水解损失，蛋白质消化率也显著降低。干草水分下降到20%以下时堆垛，才不致有发酵过度的危险，如果堆垛时干草水分超过20%，则垛内应留出通风道，或纵贯草垛，或横贯草垛，20米长的垛留2个横道即可。通风道用棚架支撑，高约3.5米，宽约1.25米，木架应扎牢固，防止草垛变形。

(4)防止草垛自燃　过湿的干草，贮存的前期主要是发酵而产生高温，后期则由于化学作用过程，产生挥发性易燃物质，一旦进入新鲜空气即引起燃烧。如无大量空气进入,则变为焦炭。

要防止草垛自燃,首先应避免含水量超过 25%的湿草堆垛。要特别注意防止成捆的湿草混入垛内。过于幼嫩的青草经过日晒后表面上已干燥,实际上茎秆仍然很湿,混入这类草时,往往在垛内成为爆发燃烧的中心。其次要求堆垛时,在垛内不应留下大的空隙,使空气过多。如果在检查时已发现堆温上升至 65℃,应立即穿洞降温,如穿洞后温度继续上升,则宜倒垛,否则反而促进自燃。

(5)干草的压捆　散开的干草贮存愈久,品质愈差,且体积很大,不便运输,在有条件的地方可用捆草机压成 30～50 千克的草捆。用来压捆干草的含水量不得超过 17%,压过的干草每 1 立方米平均重 350～400 千克。压捆后可长久保持绿色和良好的气味,不易吸水,且便于运输喂用,比较安全。

三、青贮饲料的制作

(一)青贮制作原理

青贮是在厌氧环境中,让乳酸菌大量繁殖,从而将饲料中的淀粉和可溶性糖变成乳酸,当乳酸积累到一定浓度后,便抑制霉菌和腐败菌的生长,pH 降到 4～4.2 以下时可以把青饲料中的养分长时间地保存下来。保证青贮饲料制作成功,必须满足如下条件:

(1)无氧程度　在青贮发酵的第一阶段,窖内的氧气越多,植物原料呼吸时间就越长,不仅消耗大量糖,还会导致窖中温度升高。青贮窖适宜温度为 20℃,最高不超过 37℃,温度越高,营养物质损失越大,若温度上升到 38～49℃就会导致饲料变质,营养物质损失近 20%～40%。若窖内氧气多,还会使好气性细菌很快繁殖，使青贮料腐败、降低品质。有氧环境不利于乳酸菌增殖及乳酸生成，影响青贮质量。所以青贮原料一定要铡短（利于压实，减小原料间隙），入窖时层层踩实、压紧，造成无氧环境。

（2）含糖量　青贮原料要有一定的含糖量，一般不应低于1%～1.5%，这样才能保证乳酸菌活动。含糖多的玉米秸和禾本科青草易于青贮，若用含糖量不足的原料青贮时（如苜蓿等豆科草）应与含糖高的青贮原料混合青贮或加含糖高的青贮添加剂。

（3）原料含水量　为造成无氧环境要把原料压实，而水分含量过低（低于60%），不容易压实，所以青贮料一般要求适宜的含水量为65%～70%，最低不少于55%。含水量也不可过高，否则使青贮料腐烂，因为压挤结成黏块易引起酪酸发酵。

（二）青贮窖的准备

青贮窖有地下式、半地下式和地上式3种（图2-2至图2-4）。前者适用地下水位低，土质坚硬地区。后二者适用地下水位高或土质较差的地区。每种方式的窖底应距地下水位0.8米以上，应建在离牛舍较近的地方，地势要干燥，易排水，切忌在低洼处或树阴下建窖，以防漏水，漏气和倒塌。

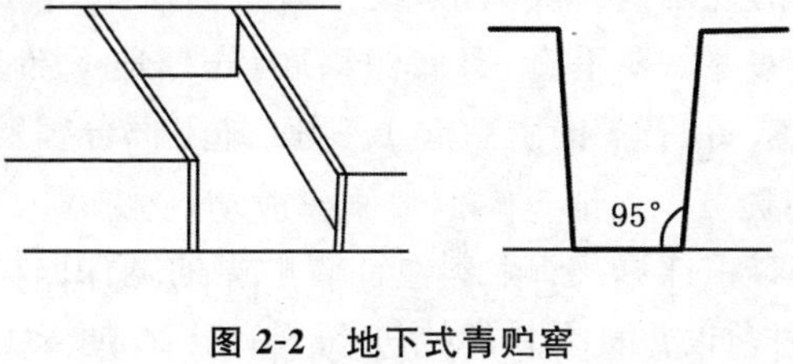

图2-2　地下式青贮窖

地下窖一般深度为1.5～2米；半地下窖的地下深度为0.5米，地上部分为1.5米。窖壁呈倒梯形，倾斜度为每深1.0米，上

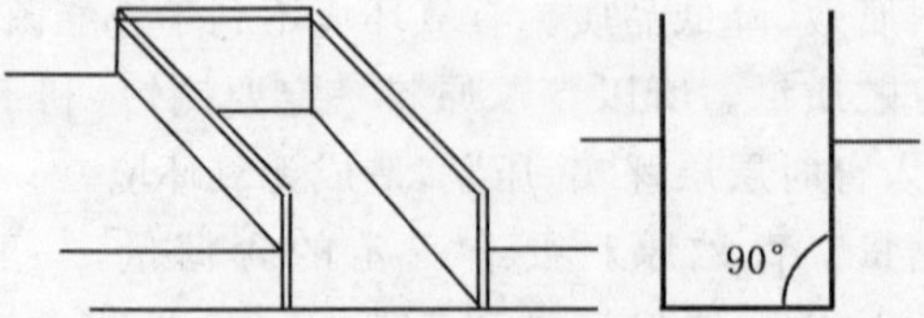

图 2-3　半地下式青贮窖

图 2-4　地上式青贮窖

口外倾10 厘米左右。窖行以长方形为好。窖的大小可根据地形、贮量而定，一般上口宽 6.0 米，下底宽 5.0 米，深 2.5 米，长 20～30 米，大型窖宽 10.0 米，深 5.0 米，长 30.0～50.0 米。

土窖壁要光滑，如果利用时间长，最好用水泥抹面做成永久性窖。长方形的窖四角做成圆形，便于青贮料下沉，排出残留空气。半地下窖内壁上下要垂直，窖底像锅底，先把地下部分挖好，再用湿黏土、土坯、砖、石等向上垒起 1.5 米，地上部分窖壁厚不应小于 0.7 米，以防透气。

青贮窖容积计算及青贮料重。青贮窖的宽深取决于每日饲喂的青贮量，通常以每日取料的挖进量不少于 15 厘米为宜。在宽度和深度确定后，根据青贮需要量，计算出青贮窖的长度，也可根据窖容积和青贮原料容重计算出青贮饲料重量。几种青贮原料容重见表 2-21。

表 2-21　几种青贮原料容重　　千克/米³

原料	铡的细碎		铡的较粗	
	制作时	利用时	制作时	利用时
玉米秸	450～500	500～600	400～450	450～550
藤蔓类	500～600	700～800	450～550	650～750
叶、根茎类	600～700	800～900	550～650	750～850

$$\text{窖长(米)}=\text{青贮需要量(千克)}\div\left[\frac{\text{上口宽(米)}+\text{下底宽(米)}}{2}\times\text{深度(米)}\times\text{每立方米原料重量(千克)}\right]$$

$$\text{圆形青贮窖容积(米}^3\text{)}=3.14\times\frac{[\text{青贮窖直径(米)}]^2}{4}\times\text{青贮窖高度(米)}$$

$$\text{长方形青贮窖容积(米}^3\text{)}=\frac{\text{上口宽(米)}+\text{下口宽(米)}}{2}\times\text{窖深(米)}\times\text{窖长(米)}$$

计算青贮窖的容积公式为：

青贮窖容积＝(肉牛饲养数量×日饲喂量×365)÷青贮窖容重

(三)青贮原料的准备

北方农区有大量的玉米收获后的鲜秸秆，适合做青贮；我国南方甘蔗的分布区域广、种植面积大、产量高，加工副产品鲜甘蔗叶稍含糖量高，易青贮，是肉牛良好的优质饲料。香蕉茎叶其含有抗营养因子单宁，直接饲喂降低采食量和蛋白质的消化率并抑制瘤胃微生物酶的活性，可以通过青贮降低单宁含量。几种常用青贮原料种类和适宜收割期见表 2-22。含水量超过 70％时应将原料适当晾晒到含水 60％～70％。

表 2-22　常用青贮原料适宜收割期

青贮原料种类	收割适期	含水量/%
全株玉米(带果穗)	乳熟期	65
收玉米后秸秆	果粒成熟立即收割	50～60
豆科牧草及野草	现蕾期至开花初期	70～80
禾本科牧草	孕穗至抽穗期	70～80
甘薯藤	霜前或收薯期1～2天	86
马铃薯茎叶	收薯前1～2天	80
甘蔗梢	甘蔗收获后	50～60
香蕉茎叶	香蕉收获后	90以上

青贮原料要切碎,以便于压实和取用。切短的长度,细茎牧草以7～8厘米为宜,而玉米等较粗的作物秸秆最好不要超过1厘米。

(四)青贮原料的装填、压实与封埋

如是土窖,四壁和底衬上塑料薄膜(永久性窖可不铺衬),然后先在窖底铺一层10厘米厚的干草,以便吸收青贮液汁,再把铡短的原料逐层装入压实,特别是容器的四壁要压紧。选择晴好的天气进行,尽量一窖当天装完,防止变质和雨淋。由于封窖数天后,青贮料会下沉,因此最后一层应高出窖口0.5～0.7米。

原料装填完毕后要及时封严,防止漏水漏气是保障质量的关键。青贮窖可先用塑料薄膜覆盖,然后用土封严,四周挖排水沟。也可以先在青贮料上盖15厘米厚的干草,再盖上20～50厘米厚的湿土,窖顶做成隆凸圆顶。封顶后2～3天,在下陷处填土,使其紧实隆凸。

(五)特殊青贮饲料的制作

1.低水分青贮

低水分青贮亦称半干青贮,其干物质含量比一般青贮饲料高

一倍多，具有干草和青贮料两者的优点，无酸味或微酸，适口性好，色深绿，养分损失少。近些年来，很多地方都广泛采用半干青贮，将难青贮的一些蛋白质含量高、糖量低的豆科牧草和饲料作物进行半干青贮。其基本原理是形成对微生物的生理干燥和厌氧环境，即把收割下来的青贮原料晾晒至含水量为50%左右时进行青贮。由于原料处于低水状态，形成细胞的高渗透压，接近生理干燥状态，微生物的生命活动被抑制，使发酵过程缓慢，蛋白质不被分解，有机酸形成数量少，因而能保持较多的营养成分。

半干青贮的调制方法与一般青贮的主要区别是青贮原料刈割后不立即铡碎，而要在田间晾晒至半干状态。晴朗的天气一般晾晒24～55小时，即可达到45%～55%的含水量，有经验者可凭感官估测，如苜蓿青草当晾晒至叶片卷缩至筒状、小枝变软不易折断时其水分含量约50%。当青贮原料已达到所要求的含水量时即可青贮。其青贮方法、步骤与一般青贮相同。但由于半干青贮原料含水量低，所以原料要铡的更细碎，压的应更紧实，封埋的应更严、更及时。一定要做到连续作业，必须保证青贮高度密封的厌氧条件，才能获得成功。

半干青贮主要优缺点表现在以下几个方面：①扩大了制作青贮原料的范围，一些原来被认为难以青贮的豆科植物，均可调制成优良的半干青贮料。②与制作干草相比，制半干青贮的优点是叶片损失少（指豆科），不易受雨淋影响。一般在收割期多雨的地区推广半干青贮，在华北地区，二茬苜蓿收割时正值雨季，晒制干草常遇雨霉烂，利用二茬苜蓿制作半干青贮是解决这一问题的好办法。收刈期气候干燥的地区，仍以调制干草为经济。③与一般青贮相比，半干青贮由于水分含量低，发酵过程缓慢微弱，可抑制蛋白质的分解。味道芳香，酸味不浓，丁酸含量少，适口性好，采食量大。缺点为制半干青贮需用密封窖，因此成本较高。如果密封较差，则比一般青贮更易损坏。

2. 拉伸膜青贮

这是草地就地青贮的最新技术，全部用机械化作业。操作程序为：割草→打捆→出草捆→缠绕拉伸膜。其优点主要是不受天气变化影响，保存时间长（一般可存放3～5年），使用方便。

3. 加添加剂青贮

在青贮过程中，合理使用青贮饲料添加剂，可以改变因原料的含糖量及含水量的不同对青贮品质的影响，增加青贮料中有益微生物的含量，提高原料的利用率及青贮料的品质。

（1）添加乳酸菌　可以直接添加乳酸菌菌种（目前主要使用的是德氏乳酸杆菌），促进乳酸菌繁殖，在短时间内达到足够数量，产生大量乳酸。一般添加量为每吨青贮料加乳酸培养物0.5升或乳酸剂450克。

（2）添加酶制剂　添加酶制剂（淀粉酶、纤维素酶、半纤维素酶等），酶制剂可使青贮料中的部分多糖水解成单糖，有利于乳酸发酵，不仅能增加发酵糖的含量，而且能改善饲料的消化率。豆科牧草青贮，按青贮原料的0.25%添加酶制剂，如果酶制剂添加量增加到0.5%，青贮料中含糖量可高达2.48%，有效地保证乳酸生产。

（3）添加糖和碳水化合物　可以添加糖糟（添加量2%～5%）、葡萄糖（添加量1%～2%）、谷物（添加量5%左右）、甜菜渣（添加量5%～10%）等来补充青贮原料中的碳水化合物和发酵糖的不足。

（4）加酸青贮　加入适量酸类，可补充自然发酵产生的酸度，使pH迅速由6降至5以下，能抑制腐败菌和霉菌的生长，促使青贮料迅速下沉。这样，在良好的条件下产生大量乳酸，进一步使pH降至4左右，保障青贮效果。加酸制成的青贮料，颜色鲜绿，具香味，品质高，蛋白质损失仅0.3%～0.5%（一般青贮蛋白质损失为1%～2%)。一般加酸青贮对加工机械和皮肤有腐蚀作用，要小心操作。

①甲酸。禾本科牧草添加0.3%，豆科牧草添加0.5%，一般不用于玉米青贮。

②苯甲酸。按青贮料的0.3%添加，一般先用乙醇溶解后再添加。

③丙酸。按青贮料的0.5%～1%添加，对二次发酵有较好的预防作用。

④甲醛。添加甲醛能有效地抑制杂菌，发酵过程没有腐败菌的活动，特别是能抑制蛋白质分解和瘤胃中的降解，增加过瘤胃蛋白。甲醛的添加量为0.3%～0.7%，如果和甲酸合用比单独添加效果更好。

(5)添加营养物质青贮　直接在青贮过程中添加各类营养物质能提高青贮的饲用价值。

尿素和磷酸脲属于非蛋白氮添加剂，一般在青贮料中添加0.3%～0.5%，使普通玉米青贮的粗蛋白含量由6.5%提高到11.7%。在青贮中添加0.35%～0.4%的磷酸脲，不仅增加青贮料的氮、磷含量，并能使青贮的pH较快达到4.2～4.5，有效地保存青贮料中的养分。

在玉米青贮中可以通过添加无机盐类增加矿物质和微量元素。在玉米青贮中添加磷酸钙既可补磷又可补钙，添加量为0.3%～0.5%。在尿素玉米青贮中添加0.5%硫酸钠，可以促进反刍动物对非蛋白氮的有效利用。还可以按青贮原料总量，添加0.2%～0.5%的食盐提高适口性。

为提高饲喂效果，可在每吨青贮原料中添加硫酸铜2.5克，硫酸锰5克，硫酸锌2克，氯化钴1克，碘化钾0.1克，硫酸钠0.5千克。

(六)青贮饲料的开窖与取用

一般青贮在制作 45 天后(温度适宜 30 天即可)即可开始取用。长方形窖应从由一端开始取料,从上到下,直到窖底。应坚持每天取料,每次取料层应在 15 厘米以上。切勿全面打开,防止暴晒、雨淋、结冰,严禁掏洞取料。每天取后及时覆盖草帘或席片,防止二次发酵。如果青贮制作符合要求,只要不启封窖,青贮料可保存多年不变质。

(七)青贮质量的鉴定

(1)感官鉴定　主要根据色、香、味和质地判断青贮料的品质。优良的青贮料颜色为黄绿色或青绿色,有光泽。气味芳香,呈酒酸味。表面湿润,结构完好,疏松,容易分离。不良的青贮料颜色为黑或褐色,气味刺鼻,腐烂,黏滑结块,不能饲喂。

(2)实验室鉴定　实验室测定 pH、有机酸和氨态氮等。pH 在 4.2 以下,质量优良(半干青贮除外),pH 在 4.3～5,质量中等,pH 在 5.0 以上,质量劣等。优质青贮的乳酸含量为 1.2%～1.5%,而且乙酸含量少,不含丁酸。氨态氮含量低于 11%。

农业部现已颁布青贮饲料质量评定标准,见表 2-23。

表 2-23　青贮饲料质量评定标准

①青贮紫云英、青贮苜蓿

项目	pH	水分	气味	色泽	质地
总配分	25	20	25	20	10
优等	3.6(25) 3.7(23) 3.8(21) 3.9(20) 4.0(18)	70%(20) 71%(19) 72%(18) 73%(17) 74%(16) 75%(14)	酸香味 舒适感 (18～25)	亮黄色 (14～20)	松散软弱 不粘手 (8～10)
良好	4.1(17) 4.2(14) 4.3(10)	76%(13) 77%(12) 78%(11) 79%(10) 80%(8)	酸臭味 酒酸味 (9～17)	金黄色 (8～13)	(中间) (4～7)

续表 2-23

项目	pH	水分	气味	色泽	质地
总配分	25	20	25	20	10
一般	4.4(8) 4.5(7) 4.6(6) 4.7(5) 4.8(3) 4.9(1)	81%(7) 82%(6) 83%(5) 84%(3) 85%(1)	刺鼻酸味 不舒适感 (1～8)	淡黄褐色 (1～7)	略带黏性 (1～3)
劣等	5.0 以上 (0)	86%以上 (0)	腐败味 霉烂味 (0)	暗褐色 (0)	腐烂发 黏结块 (0)

②青贮红薯藤

项目	pH	水分	气味	色泽	质地
总配分	25	20	25	20	10
优等	3.4(25) 3.5(23) 3.6(21) 3.7(20) 3.8(18)	70%(20) 71%(19) 72%(18) 73%(17) 74%(16) 75%(14)	甘酸味 舒适感 (18～25)	棕褐色 (14～20)	松散软弱 不粘手 (8～10)
良好	3.9(17) 4.0(14) 4.1(10)	76%(13) 77%(12) 78%(11) 79%(10) 80%(8)	淡酸味 (9～17)	(中间) (8～13)	(中间) (4～7)
一般	4.2(8) 4.3(7) 4.4(5) 4.5(4) 4.6(3) 4.7(1)	81%(7) 82%(6) 83%(5) 84%(3) 85%(1)	刺鼻 酒酸味 (1～8)	暗褐色 (1～7)	略带黏性 (1～3)
劣等	4.8 以上 (0)	86%以上 (0)	腐败味 霉烂味 (0)	黑褐色 (0)	腐烂发 黏结块 (0)

续表 2-23

③青贮玉米秸

项目	pH	水分	气味	色泽	质地
总配分	25	20	25	20	10
优等	3.4(25) 3.5(23) 3.6(21) 3.7(20) 3.8(18)	70%(20) 71%(19) 72%(18) 73%(17) 74%(16) 75%(14)	甘酸味 舒适感 (18～25)	亮黄 (14～20)	松散软弱 不粘手 (8～10)
良好	3.9(17) 4.0(14) 4.1(10)	76%(13) 77%(12) 78%(11) 79%(10) 80%(8)	淡酸味 (9～17)	褐黄色 (8～13)	(中间) (4～7)
一般	4.2(8) 4.3(7) 4.4(5) 4.5(4) 4.6(3) 4.7(1)	81%(7) 82%(6) 83%(5) 84%(3) 85%(1)	刺鼻 酒酸味 (1～8)	(中间) (1～7)	略带黏性 (1～3)
劣等	4.8 以上 (0)	86%以上 (0)	腐败味 霉烂味 (0)	黑褐色 (0)	发黏结块 (0)

注：a. pH 用广泛试纸测定；b. 括号内数值表示得分数。

④各种青贮饲料的评定得分与等级划分

等级	优等	良好	一般	劣质
得分	100～75	75～51	50～26	25 以下

四、秸秆等农副产品饲料的加工调制技术

我国农作物秸秆年产约 5.7 亿吨，占全世界秸秆总量的 20%～30%。秸秆的用途很多，但经过加工调制后饲喂肉牛，通过“过腹还田”是最有效、最经济、最易行的利用方式之一。牛对秸秆类粗饲料消化能力强，适合于农区养殖，这对充分利用农作物秸秆，解决环境

污染，增加农民收入有着重要意义。

（一）粉碎、铡短处理

秸秆经粉碎、铡短处理后，体积变小，便于采食和咀嚼，可增加采食量 20%～30%。由于粉碎或切碎增加了秸秆与瘤胃微生物接触面积，利于微生物发酵，但由于在瘤胃中停留时间较短，养分未充分利用便进入真胃和小肠，使消化率有所下降。但采食量增加会弥补消化率略有下降的不足，使牛总可消化养分的摄入量增加，牛生产性能提高 20%，尤其在低精料饲养条件下，饲喂效果明显改进。

（二）热喷处理

热喷是近年来采用的一项新技术，主要设备为压力罐，工作原理包括热效应和机械效应的作用，秸秆被撕成乱麻状，秸秆结构重新分布，从而对粗纤维有降解作用。经热喷处理的鲜玉米秸，可使粗纤维由 30.5%降低到 20.14%，热喷处理干玉米秸，可使粗纤维含量由 33.4%，降低到 27.5%。热喷技术能使麦秸消化率达到 75.12%，玉米秸达 88.02%，稻草达 64.42%等，并能改善牛瘤胃微生态环境，提高牛采食量和生长速度。

热喷处理时，秸秆含水量 25%～40%，经压力 3.9×10^5～1.2×10^6 帕、温度 145～190℃的高压罐内处理 1～15 分钟，使秸秆纤维细胞间木质素溶解，氢键断裂，纤维结晶度降低。当突然喷爆，细胞间的木质素就会熔化，同时发生若干高分子物质的分解反应；再通过喷爆的机械效应，应力集中于熔化木质素的脆弱结构区，乃至壁间疏松，细胞游离。因此，经热喷处理过的秸秆可提高牛的采食量和消化率。

（三）揉搓处理

揉搓处理比铡短处理秸秆又近了一步，经揉搓的玉米秸成柔软的丝条状,增加适口性,对于牛,揉碎的玉米秸更是一种价廉的、适口性好的粗饲料。目前,揉搓机正在逐步取代铡草机。

(四)秸秆颗粒化

根据牛营养需要标准,将粉碎的秸秆与精料、干草混合制成颗粒,便于机械化饲养,减少饲料浪费。同时制粒会影响日粮成分的消化行为。用颗粒化秸秆混合料喂育肥牛比用同种散混料增重提高 20%～25%。秸秆颗粒料在国外很多,随着饲料加工业和秸秆畜牧业的发展,秸秆颗粒饲料在我国也已得到发展,并将会逐渐普及。

(五)氨化处理

1.氨化处理原理

秸秆中含氮量低,秸秆氨化处理时与氨相遇,其有机物就与氨发生氨解反应,打断木质素与半纤维素的结合,破坏木质素—半纤维素—纤维素的复合结构,使纤维素与半纤维素被解放出来,被微生物及酶分解利用。氨是一种碱,处理后使木质化纤维膨胀,增大空隙度,提高渗透性。在反刍动物的瘤胃,微生物能同时利用饲料中的蛋白质和非蛋白氮合成微生物蛋白,但是直接利用非蛋白氮,因在瘤胃中分解速度过快,特别是在饲料可发酵能量不足的情况下,不能充分被微生物利用,多余的氮则被胃壁吸收,有中毒的危险。通过氨化处理秸秆,可延缓氨的释放速度,促进瘤胃内微生物的活动,进一步提高秸秆的营养价值、消化率和适口性。氨化能使秸秆含氮量增加 1～1.5 倍,粗纤维降低 10%,牛对秸秆采食量和消化率提高 20%以上。

2.氨化方法

包括堆垛氨化法、窖贮氨化法、袋贮法等。目前国内外最常用是堆垛氨化法,氨化效果以液氨最佳,但操作时应注意安全,尿素仅次于液氨,比碳氨要好,来源广。

3. 氨化原材料

(1)秸秆　清洁未霉变的麦秸、玉米秸、稻草等，一般铡短2～3厘米长。

(2)液氨(无水氨)、氨水、尿素任选一种　液氨为市售通用液氨，氨瓶或氨罐装运；氨水为市售工业氨水，无毒、无杂质，含氮量15%～17%，用密闭的容器，如胶皮口袋、塑料桶、陶瓷罐等装运；尿素为市售农用尿素，含氮量46%，塑料袋密封包装。

4. 调制技术

(1)堆贮法　适用于液氨处理。选择向阳、高燥、平坦、不受人畜危害的地方。先将6米×6米塑料薄膜铺在地面上，在上面垛秸秆。草垛底面积为5米×5米为宜，高度接近2.5米。把切碎的秸秆加水，使秸秆含水量达到30%左右。草码到0.5米高处，于垛上面分别平放直径10毫米，长4米的硬质塑料管2根，在塑料管前端2/3长的部位钻若干个2～3毫米小孔，以便充氨。后端露出草垛外面约0.5米长。通过胶管接上氨瓶，用铁丝缠紧。堆完草垛后，用10米×10米塑料薄膜盖严，四周留下0.5～0.7米宽的余头。在垛底部用一长杠将四周余下的塑料薄膜上下合在一起卷紧，以石头或土压住，但输氨管外露。最后按秸秆重量3%的比例向垛内缓慢输入液氨。输氨结束后，抽出塑料管，立即将余孔堵严。注氨密封处理后，需经常检查塑料薄膜，发现破孔立即用塑料粘胶剂粘补。

(2)窖贮法　适用于尿素处理。窖的建造与青贮窖相似，深不应超过2米。氨化时，先在窖内铺一块0.08～0.2毫米厚的塑料薄膜。将含水量10%～13%的铡短秸秆填入窖内，每填30～50厘米厚，均匀喷洒尿素水溶液(浓度和用量为5千克尿素加水40～50千克溶解，喷洒在100千克秸秆上)并踩实。窖装满后用塑料布盖好封严。

(3)缸贮法和袋贮法　缸贮法适用于尿素处理，其操作方法与窖贮法基本相同，只需要在顶盖上塑料膜，压紧、封严就行。

袋贮法所用塑料袋根据饲养规模而定，国外大型圆筒状塑料氨化设施适合集约化生产。秸秆与尿素水溶液搅拌均匀后，放入袋中压实扎口封严。为了防止老鼠咬，可在袋四周放老鼠药，或把袋埋入土中。

5. 氨化的时间

密封时间应根据气温和感官来确定，环境温度与所需反应时间为环境温度30℃以上，密封7天；30～15℃，7～28天；15～5℃，28～56天；5℃以下，56天以上。

6. 品质鉴定

品质良好的氨化秸秆，外观黄色或棕色。刚开垛时氨味浓郁，放氨后气味糊香。质地柔软，不霉烂，不变质。实验室作分析测定，含氮量提高1%～1.5%。品质低劣的氨化秸秆，外观灰色或灰白色，有刺鼻恶臭，霉烂变质，不能饲喂。

7. 饲喂方法

根据气温确定氨化天数，并结合查看秸秆颜色变化，变褐黄即可开封放氨。一般经2～5天自然通风将氨味全部放掉，呈糊香味时，才能饲喂，一般需3～5天。如暂时不喂可不必开封放氨。饲喂氨化秸秆应由少到多，少给勤添，先与谷草、青干草等搭配喂，一周后即可全部喂氨化秸秆。氨化秸秆适口性好，进食速度快，采食量增加，据测定，牛对氨化秸秆的采食量比普通秸秆增加20%以上。应合理搭配精料（玉米、麸皮、糟渣、饼类）。

（六）"三化"复合处理新技术

由曹玉凤、李英等（1997）研究的秸秆"三化"复合处理技术，发挥了氨化、碱化、盐化的综合作用，弥补了氨化成本过高、碱化不易久贮、盐化效果欠佳单一处理的缺陷。经实验证明，"三化"处理的麦秸与未处理组相比各类纤维都有不同程度的降低，干物质瘤胃降解率提高22.4%，饲喂肉牛日增重提高48.8%，饲料/增重降低

16.3%～30.5%，而"三化"处理成本比普通氨化（3%～5%尿素）降低32%～50%，肉牛育肥经济效益提高1.76倍。

制作方法：处理液的配制见表2-24，将尿素、生石灰粉、食盐按比例放入水中，充分搅拌溶解，使之成为混浊液。

表2-24　处理液的配制

秸秆种类	秸秆重量/千克	尿素用量/千克	生石灰用量/千克	食盐用量/千克	水用量/千克	贮料含水量/%
干麦秸	100	2	3	1	45～55	35～40
干稻草	100	2	3	1	45～55	35～40
干玉米秸	100	2	3	1	40～50	35～40

此方法适合窖贮（土窖、水泥窖均可），也可用小垛法、塑料袋或水缸，其余操作见氨化处理。

（七）微贮技术

秸秆微贮饲料就是在农作物秸秆中，加入微生物高效活性菌种——秸秆发酵活干菌，放入密封的容器（如水泥池、土窖）中贮藏，经一定的发酵过程，使农作物秸秆变成具有酸、香味、草食家畜喜食的饲料。

（1）窖的建造　微贮的建窖和青贮窖相似也可选用青贮窖。

（2）秸秆的准备　应选择无霉变的新鲜秸秆，麦秸铡短2～5厘米，玉米秸最好铡短1厘米左右或粉碎（孔径2厘米筛片）。

（3）复活菌种并配制菌液　根据当天预计处理秸秆的重量，计算出所需菌剂的数量，按以下方法配制。

菌种的复活：在处理秸秆前将菌剂3克倒入2千克水中，充分溶解，然后在常温下放置1～2小时使菌种复活，复活好的菌剂一定要当天用完。

菌液的配制：将复活好的菌剂倒入充分溶解的0.8%～1%食

盐水中拌匀，食盐水及菌液量的计算方法见表 2-25。菌液对入盐水后，再用潜水泵循环，使其浓度一致。这时就可以喷洒了。配好的菌液不能过夜，当天一定要用完。

表 2-25 菌液配制

秸秆种类	秸秆重量/千克	秸秆发酵活干菌用量/克	食盐用量/千克	自来水用量/升	贮料含水量/%
稻麦秸秆	1 000	3.0	9～12	1 200～1 400	60～70
黄玉米秸	1 000	3.0	6～8	800～1 000	60～70
青玉米秸	1 000	1.5	—	适量	60～70

(4)装窖　土窖应先在窖底和四周铺上一层塑料薄膜，在窖底先铺放 20 厘米厚的秸秆，均匀喷洒菌液，压实后再铺秸秆 20 厘米，再喷洒菌液压实。大型窖要采用机械化作业，压实用拖拉机，喷洒菌液可用潜水泵，一般以扬程 20～30 米流量每分钟 30～50 升为宜。在操作中要随时检查贮料含水量是否均匀合适，层与层之间不要出现夹层。检查方法，取秸秆，用力握攥，指缝间有水但不滴下，水分为 60%～70%最为理想，否则为过高或过低。(5)加入精料辅料　在微贮麦秸和稻草时应加入 3‰左右的玉米粉、麸皮或大麦粉以利于发酵初期菌种生长，提高微贮质量。加精料辅料时应铺一层秸秆，撒一层精料粉，再喷洒菌液。

(6)封窖　秸秆分层压实直到高出窖口 100 厘米，再充分压实后，在最上面一层均匀洒上食盐，再压实后盖上塑料薄膜。食盐的用量为每平方米 250 克，其目的是确保微贮饲料上部不发生霉烂变质。盖上塑料薄膜后，在上面覆上 20～30 厘米厚的稻草、麦秸，覆土 15～20 厘米，密封。密封的目的是为了隔绝空气与秸秆接触，保证微贮窖内呈厌氧状态。在窖边挖排水沟防止雨水积聚。窖内贮料下沉后应随时加土使之高出地面。

(7)秸秆微贮饲料的质量鉴定　优质微贮青玉米秸秆饲料的

色泽呈橄榄绿，稻、麦秸秆呈金黄褐色。如果变成褐色或墨绿色则质量较差。优质秸秆微贮饲料具有醇香和果香气味，并具有弱酸味。若有强酸味，表明醋酸较多，这是由于水分过多和高温发酵所造成的。若有腐臭味、发霉味则不能饲喂。优质微贮饲料拿到手里感到很松散，质地柔软湿润。若拿到手里发黏，或者粘到一起，说明质量不佳。有的虽然松散，但干燥粗硬，也属不良的饲料。

(8)秸秆微贮饲料的取用与饲喂技术　根据气温情况秸秆微贮饲料，一般需在窖内贮藏 21～45 天才能取喂。开窖时应从窖的一端开始，先去掉上边覆盖的部分土层、草层，然后揭开塑料薄膜，从上到下垂直逐段取用。每次取出量应以当天喂完为宜，坚持每天取料每层所取的料不应少于 15 厘米，每次取完后要用塑料薄膜将窖口密封，尽量避免与空气接触，以防止二次发酵和变质。一般育肥牛每天可喂 15～20 千克，冻结的微贮应先化开后再用，由于制作微贮中加入了食盐，应在饲喂时由日粮中扣除。

思考题

1. 肉牛需要哪些营养物质？
2. 何为生态饲料？
3. 肉牛生态日粮配合的原则是什么？
4. 怎样给肉牛配制饲料？
5. 青干草的制作方法包括哪些？
6. 简述青贮饲料的制作方法。
7. 什么是半干青贮？
8. 青贮饲料的开窖与取用原则是什么？
9. 秸秆等农副产品饲料的加工调制技术包括哪些？目前生产中常用的技术包括哪几个？

第三章 肉牛的饲养管理与繁殖技术

导 读 本章主要按照肉牛的不同生理阶段,逐一介绍犊牛的饲养管理、育成牛的饲养管理、怀孕母牛的饲养管理、分娩期母牛的饲养管理、哺乳母牛的饲养管理技术。并对犊牛的初生期管理、育成牛的初次配种和哺乳母牛产后配种等技术进行了详细论述。

第一节 犊牛的饲养管理

犊牛是指从初生至断奶阶段的小牛。这阶段的主要任务是提高犊牛成活率,给育成期牛的生长发育打下良好基础。

一、犊牛的饲养

犊牛阶段又可分为初生期(出生至 7 日龄)和哺乳期(8 日龄至断奶)两阶段。由于肉用母牛泌乳性能较差,所以肉用犊牛一般采取“母—犊”饲养法,即随母哺乳法。

(一)初生期

初生期是犊牛由母体内寄生生活方式变为独立生活方式的过渡时期;初生犊牛消化器官尚未发育健全。瘤网胃只有雏形而无功能；真胃及肠壁虽初具消化功能，但缺乏黏液，消化道黏膜易受细菌入侵。犊牛的抗病力、对外界不良环境的抵抗力、适应性和调节体温的能力均较差，因此，新生犊牛容易受各种病菌的侵袭而引起疾病，甚至死亡。

1.消除黏液

初生犊牛的鼻和身上沾有许多黏液。若是正常分娩，母牛会舔去犊牛身上的黏液，此举有助于刺激犊牛呼吸和加强血液循环。若母牛不能舔掉黏液，则要用清洁毛巾擦干，避免受凉，尤其要注意擦掉口鼻中的黏液，防止呼吸受阻，若已造成呼吸困难，应使其倒挂，并拍打胸部，使黏液流出。

通常情况下，犊牛的脐带自然扯断。未扯断时，用消毒剪刀在距腹部 6～8 厘米处剪断脐带，将脐带中的血液和黏液挤挣，用 5%～10%碘酊药液浸泡 2～3 分钟即可，切记不要将药液灌入脐带内，以免因脐孔周围组织充血、肿胀而继发脐炎。断脐不要结扎，以自然脱落为好。另外，剥去犊牛软蹄。犊牛想站立时，应帮助其站稳。

2.早喂初乳

初乳即母牛分娩后 7 天内分泌的母乳。初乳的营养丰富，尤其是蛋白质、矿物质和维生素 A 的含量比常乳高。在蛋白质中含有大量的免疫球蛋白，对增强犊牛的抗病力具有重要作用。初乳中镁盐较多，有助于犊牛排出胎粪。初乳中还含有溶菌酶，具有杀灭各种病菌功能，同时初乳进入胃肠具有代替胃肠壁黏膜作用，阻止细菌进入血液。初乳也能促进胃肠机能的早期活动，分泌大量的消化酶。从犊牛本身来讲，初生犊牛胃肠道对母体原型抗体的通透性在生后很快开始下降，约在 18 小时就几乎丧失殆尽。在此期间如不能吃到足够的初乳，对犊牛的健康就会造成严重的威胁。犊牛出生后应在 0.5～2 小时尽量让其吃上初乳，方法是在犊牛能够自行站立时，让其接近母牛后躯，采食母乳。对个别体弱的可人工辅助，挤几滴母乳于洁净手指上，让犊牛吸吮其手指，而后引导到乳头助其吮奶。为保证犊牛哺乳充分，应给予母牛充分的营养。

(二)哺乳期

这一阶段是犊牛体尺体重增长及胃肠道发育最快的时期，尤以瘤网胃的发育最为迅速，此阶段犊牛的可塑性很大，直接影响成年牛的生产性能。

1. 哺乳

自然哺乳即犊牛随母吮乳，肉用牛较普通。一般是在母牛分娩后，犊牛直接哺食母乳，同时进行必要的补饲。一般在生后3个月以内，母牛的泌乳量可满足犊牛生长发育的营养需要，3个月以后母牛的泌乳量逐渐下降，而犊牛的营养需要却逐渐增加，如犊牛在这个年龄的生长受阻很难补偿。自然哺乳时应注意观察犊牛哺乳时的表现，当犊牛哺乳频繁地顶撞母牛乳房，而吞咽次数不多，说明母牛奶量低，犊牛不够吃，应加大补饲量；反之，当犊牛吸吮一段时间后，犊牛口角已出现白色泡沫时，说明犊牛已经吃饱，应将犊牛拉开，否则容易造成犊牛哺乳过量而引起消化不良。一般而言，大型肉牛平均日增重700～800克，小型肉牛平均日增重600～700克，若增重达不到上述水平的需求，应增加母牛的补饲量，或对犊牛直接增加补料量。传统的哺乳期5～6月龄，规模母牛场一般可实行2～3月龄断奶，但犊牛必须加强营养，实施早期补饲。

对于饲养产奶量高的兼用牛，如西门塔尔牛，通常可以挤奶增加收入，另外随着肉牛牛源紧张，奶公犊用于育肥越来越多，因此犊牛也采取人工哺乳。人工哺乳包括用桶直接喂和带乳头的哺乳桶或壶(图3-1、图3-2)。用桶喂时应将桶固定好，防止撞翻，通常采用一手持桶，另一手中指及食指浸入乳中使犊牛吸吮。当犊牛吸吮指头时，慢慢将桶提高使犊牛口紧贴牛乳而吮饮，习惯后则可将指头从口拔出，并放于犊牛鼻镜上，如此反复几次，犊牛便会自行哺饮初乳。用奶壶喂时要求奶嘴光滑牢固，以防犊牛将其拉下或撕破。在奶嘴顶部用剪子剪一个“十”字，这样会使犊牛用力吮吸，避免强灌。喂奶方案多采用“前高后低”，即前期喂足奶量，后期少喂奶，多喂精粗饲料。下面介绍两种哺乳方案。

图 3-1　奶桶

图 3-2　带乳头的哺乳壶

（于春起提供）

方案一：510 千克全乳，90 天哺乳期。1～10 日龄，5 千克/天；11～20 日龄，7 千克/天；21～40 日龄，8 千克/天；41～50 日龄，7 千克/天；51～60 日龄，5 千克/天，61～80 日龄，4 千克/天；81～90 日龄，3 千克/天。

方案二：200～250 千克全乳，45～60 天哺乳期。1～20 日龄，6 千克/天；21～30 日龄，4～5 千克/天，31～45 日龄，3～4 千克/天；46～60 日龄，0～2 千克/天。

对于购买奶公犊育肥，如何提高奶公犊的成活率是每位饲养者关心的问题。可以饲养产奶量高西门塔尔牛产奶饲喂，也可以使用代乳粉，目前使用效果确定的代乳粉包括奥耐尔公司生产的奥氏代乳粉。应当注意：①吃足初乳。初生犊牛应饲喂初乳 5～7 天。初乳可在－20℃下冰柜保存，饲喂前用 60℃下温水解冻。最好购买出生 2 周以后的犊牛，已经具备了一定抗运输应激、疾病等能力，成活率高。②定时定温喂奶。每天定时饲喂牛奶 2～3 次，水浴加热 39～42℃；如果使用代乳粉，按 1∶8 的比例用 50～60℃的温开水冲调成代乳奶，冬季的水温可稍高一些，注意千万不要用滚开的水。待代乳奶温度降至适宜温度时即可转移至犊牛奶瓶或小桶内饲喂。饲喂牛奶的温度非常重要，低于 38℃时犊牛易发生腹泻。③饲喂方法。哺乳期犊牛最好用奶瓶或带有奶嘴的特制奶桶喂乳，保证犊牛前期食管沟闭合完全，预防犊牛肚胀。群养时要按大小分群，以便于对每一头犊牛的采食量进行总量控制，同时便于管理。④卫生与消毒。饲喂器皿每次用完进行清洗和消毒。每天早、晚两次刷拭牛体，保持牛体清洁。牛圈 3 天消一次毒，每天清一次粪。⑤饮水。自由饮水，水质清洁。15 日龄内饮温水，冬季水温保证在 15℃以上。⑥温度和环境控制。圈舍要冬暖夏凉，温度保持在 15℃左右，通风良好，保持舍床干燥。

2. 补饲

犊牛的消化与成年牛显著不同，初生时只有皱胃中的凝乳酶参与消化过程，胃蛋白酶作用很弱，也无微生物存在。到 3～4 月龄时，瘤胃内纤毛虫区系完全建立。大约 2 月龄开始反刍。传统的肉用犊牛的哺乳期一般为 6 个月，纯种肉牛养殖一般不实行早期断奶，我国的黄牛属于役肉兼用种，也不实行早期断奶，因此也不采取早期补饲方式。最近研究证明，早期断奶可以显著缩短母牛的产后发情间隔时间，使母牛早发情、早配种、早产犊，缩短产犊间隔，提高母牛的终生生产力和降低生产成本。由于西门塔尔改良牛产奶量高，所以在挤奶出售的情况下，实行犊牛早期断奶也是非常有利的。实行犊牛早期断奶，犊牛的提早补饲至关重要。早期喂给优质干草和精料，促进瘤胃微生物的繁殖，可促使瘤胃的迅速发育。补饲栏如图 3-3 所示。

从 1 周龄开始，在牛栏的草架内添入优质干草（如豆科青干草等)，训练犊牛自由采食，以促进瘤网胃发育。

图 3-3　肉用犊牛补饲栏

生后 10～15 天开始训练犊牛采食精料，初喂时可将少许牛奶洒在精料上，或与调味品一起做成粥状，或制成糖化料，涂擦犊牛口鼻，诱其舔食。开始时日喂干粉料 10～20 克，到 1 月龄时，每天可采食 150～300 克，2 月龄时可采食到 500～700 克，3 月龄时可采食到 750～1 000 克。犊牛料的营养成分对犊牛生长发育非常重要，可结合本地条件，确定配方和喂量。常用的犊牛料配方举例如下：

配方一：玉米 30%，燕麦 20%，小麦麸 10%，豆饼 20%，亚麻籽饼 10%，酵母粉 10%，维生素矿物质 3%。

配方二：玉米 50%，豆饼 30%，小麦麸 12%，酵母粉 5%，碳酸钙 1%，食盐 1%，磷酸氢钙 1%(对于 0～90 日龄犊牛每吨料内加 50 克多种维生素)。

配方三：玉米 50%，小麦麸 15%，豆饼 15%，棉粕 13%，酵母粉 3%，磷酸氢钙 2%，食盐 1%，微量元素、维生素、氨基酸复合添加剂 1%。

青绿多汁饲料如胡萝卜、甜菜等，犊牛在 20 日龄时开始补喂，以促进消化器官的发育。每天先喂 20 克，到 2 月龄时可增加到

1～1.5 千克，3 月龄为 2～3 千克。

青贮料可在 2 月龄开始饲喂，每天 100～150 克，3 月龄时 1.5～2.0 千克，4～6 月龄时 4～5 千克。应保证青贮料品质优良，防止用酸败、变质及冰冻青贮料喂犊牛，以免下痢。

二、犊牛的管理

1. 犊牛的管理要做到“三勤”

即勤打扫，勤换垫草，勤观察。并做到“喂奶时观察食欲、运动时观察精神、扫地时观察粪便”。健康犊牛一般表现为机灵、眼睛明亮、耳朵竖立、被毛闪光，否则就有生病的可能。特别是患肠炎的犊牛常常表现为眼睛下陷、耳朵垂下、皮肤包紧、腹部蜷缩、后躯粪便污染；患肺炎的犊牛常表现为耳朵垂下、伸颈张口、眼中有异样分泌物。其次注意观察粪便的颜色和黏稠度及肛门周围和后躯有无脱毛现象，脱毛可能是营养失调而导致腹泻。另外还应观察脐带，如果脐带发热肿胀，可能患有急性脐带感染，还可能引起败血症。

2. 犊牛的管理要做到“三净”

即饲料净、畜体净和工具净。

(1)饲料净　是指牛饲料不能有发霉变质和冻结冰块现象，不能含有铁丝、铁钉、牛毛、粪便等杂质。商品配合料超过保存期禁用，自制混合料要现喂现配。夏天气温高时，饲料拌水后放置时间不宜过长。

(2)畜体净　就是保证犊牛不被污泥浊水和粪便等污染，减少疾病发生。坚持每天 1～2 次刷拭牛体，促进牛体健康和皮肤发育，减少体内外寄生虫病。刷拭时可用软毛刷，必要时辅以硬质刷子，但用劲宜轻，以免损伤皮肤。冬天牛床和运动场上要铺放麦秸、稻(麦、壳)或锯末等褥草垫物。夏季运动场宜干燥、遮阳，并且通风良好。

(3)工具净 是指喂奶和喂料工具要讲究卫生。如果用具脏，极易引起犊牛下痢、消化不良、臌气等病症。所以每次用完的奶具、补料槽、饮水槽等一定要洗刷干净，保持清洁。

3.防止舐癖

牛舐癖指犊牛互相吸吮，是一种极坏的习惯，危害极大。其吸吮部位包括嘴巴、耳朵、脐带、乳头、牛毛等。吸吮嘴巴易造成传染病；吸吮耳朵在寒冷情况下容易造成冻疮；吸吮脐带容易引发脐带炎；吸吮乳头导致犊牛成年后瞎乳头；吸吮牛毛容易在瘤胃内形成许多大小不一的扁圆形毛球，久之往往堵塞食道沟或幽门而致死。防止舐癖，犊牛与母牛要分栏饲养，定时放出哺乳，犊牛最好单栏饲养，其次犊牛每次喂奶完毕，应将犊牛口鼻部残奶擦净。对于已形成舐癖的犊牛，可在鼻梁前套一小木板来纠正。同时避免用奶瓶喂奶，最好使用水桶。犊牛要有适度的运动，随母牛在牛舍附近牧场放牧，放牧时适当放慢行进速度，保证休息时间。

4.做好定期消毒

冬季每月至少进行一次，夏季 10 天一次，用苛性钠、石灰水或来苏儿对地面、墙壁、栏杆、饲槽、草架全面彻底消毒。如发生传染病或有死畜现象，必须对其所接触的环境及用具作临时突击消毒。

5.称重和编号

留作种用的犊牛，称重应按育种和实际生产的需要进行，一般在初生、6 月龄、周岁、第一次配种前应予以称重。在犊牛称重的同时，还应进行编号，编号应以易于识别和结实牢固为标准。生产上应用比较广泛的是耳标法——耳标有金属的和塑料的，先在金属耳标或塑料耳标上打上号码或用不褪色的色笔写上号码，然后固定在牛的耳朵上。

6.犊牛调教

对犊牛从小调教，使之养成温顺的性格，无论对于育种工作，还是成年后的饲养管理与利用都很有利。未经过良好调教的牛，性格怪僻，人不易接近，不仅会给测量体尺、称重等育种工作带来麻烦，甚至会发生牛顶撞伤人等现象。对牛进行调教，就是管理人员要用温和的态度对待牛，经常抚摸牛，刷拭牛体，测量体温、脉搏，日子久了，就能养成犊牛温驯的性格。

7.去角

一般在出生后的15天左右进行。去角的方法如下。

(1)固体苛性钠法　先剪去角基部的毛，然后在外周用凡士林涂一圈，以防药液流出，伤及头部或眼睛。然后用苛性钠在剪毛处涂抹，面积1.6厘米^{2}左右。至表皮有微量血渗出为止。应注意的是正在哺乳的犊牛，施行手术后4～5小时才能到母牛处哺乳，以防苛性钠腐蚀母牛乳房及皮肤。应用该法可以破坏成角细胞的生长，应用效果较好。

(2)电烙器去角　将专用电烙器加热到一定温度后，牢牢地按压在角基部直到其角周围下部组织为古铜色为止，15～20秒。烙烫后涂以青霉素软膏。

8.去势

如果是专门生产小白牛肉，公犊牛在没有出现性特征之前就可以达到市场收购体重。因此，就不需要对牛加以阉割。生产高档牛肉，一般小公牛4～5月龄去势。阉牛生长速度比公牛慢15%～20%，而脂肪沉积增加，肉质量得到改善，适于生产高档牛肉。阉割的方法有手术法、去势钳、锤砸法和注射法等。

9.犊牛断奶

应根据当地实际情况和补饲情况而定。一般情况下，对于专门培育后备种用公犊的牛场不提倡犊牛早期断奶；即使非专门培育种用后备牛的牛场，一般也不提倡3周龄以下太早期断奶。因为太早期的断奶所需配制的代乳料要求质量高，成本大。肉牛业上实行早期断奶主要是为了缩短母牛产后的发情间隔时间和生产小牛肉时需要；对于饲养乳肉或肉乳兼用牛，产奶量较高，可挤奶出售，因而减少犊牛用奶量、降低成本才是其另一目的。

据李英等报道，犊牛产后 50～60 天强行断奶，母牛的产后发情时间平均为(69.0±7.0)天，比犊牛未早期断奶的哺乳母牛产后发情时间(98.8±24.6)天提前了 29 天。他们进一步的研究发现：母牛产后乏情的原因并不是由于促乳素含量高，而是由于犊牛的哺乳行为对母牛乳头的刺激使乳头的感受器兴奋，经神经传导入下丘脑，造成 GnRH 分泌抑制的结果。可见，对犊牛实行早期断奶是缩短母牛产后发情间隔时间简便而有效的手段。早期断奶时间一般为 2～3 月龄。肉乳兼用挤奶牛可采用 5 周龄断奶。

断奶应采用循序渐进的办法。当犊牛日采食固体料达 1 千克左右，且能有效地反刍时，便可断奶，同时要注意固体饲料的营养品质与营养补充，并加强日常护理。另外在预定断奶前 15 天，要开始逐渐增加精、粗饲料喂量，减少牛奶喂量。日喂奶次数由 3 次改为 2 次，2 次再改为 1 次，然后隔日 1 次。自然哺乳的母牛在断奶前一周即停喂精料，只给粗料和干草、稻草等。使其泌乳量减少。然后把母、犊分离到各自牛舍，不再哺乳。断奶第一周，母、犊可能互相呼叫，应进行舍饲或拴饲，不让互相接触。

第二节　育成牛的饲养管理与初次配种

育成牛指断奶后到配种前的母牛。计划留作种用的后备母犊牛应在 4～6 月龄时选出，要求生长发育好、性情温顺、增重快。但留种用的牛不得过肥，应该具备结实的体质。此阶段发病率较低，比较容易饲养管理。但如果饲养管理不善，营养不良造成中躯和体高生长发育受阻，到成年时在体重和体型方面无法完全得到补偿，会影响其生产性能潜力的充分发挥。

一、育成牛的生长发育特点

育成牛随着年龄的增长，瘤胃功能日趋完善，12 月龄左右接近成年水平，正确的饲养方法有助于瘤胃功能的完善。此阶段是牛的骨骼、肌肉发育最快时期，体型变化大。7～12 月龄期间是增长强度最快阶段，生产实践中必须利用好这一特点。如前期生长受阻，在这一阶段加强饲养，可以得到部分补偿。6～9 月龄时，卵巢上出现成熟卵泡，开始发情排卵，一般在 18 月龄左右，体重达到成年体重的 70%时配种。

二、育成牛的饲养与管理

为了增加消化器官的容量，促进其充分发育，育成牛的饲料应以粗饲料和青贮料为主，适当补充精料。

1. 舍饲育成牛的饲养

(1)断奶以后　断奶以后的育成牛采食量逐渐增加，对于种用者来说，应特别注意控制精料饲喂量，每头每日不应超过 2 千克；同时要尽量多喂优质青粗饲料，以更好地促使其向适于繁殖的体型发展。3～6 月龄可参考的日粮配方：精料 2 千克，干草 1.4～2.1 千克或青贮 5～10 千克。

(2)7～12 月龄　7～12 月龄的育成牛利用青粗饲料能力明显增强。该阶段日粮必须以优质青粗饲料为主，每天的采食量可达体重的 7%～9%，占日粮总营养价值的 65%～75%。此阶段结束，体重可达 250 千克。混合精料配方参考如下：玉米 46%，麸皮 31%，高粱 5%，大麦 5%，酵母粉 4%，叶粉 3%，食盐 2%，磷酸氢钙 4%。日喂量：混合料 2～2.5 千克，青干草 0.5～2 千克，玉米青贮 11 千克。

(3)13～18月龄　为了促进性器官的发育，其日粮要尽量增加青贮、块根、块茎饲料。其比例可占到日粮总量的85%～90%。但青粗饲料品质较差时，要减少其喂量，适当增加精料喂量。

此阶段正是育成牛进入体成熟的时期，生殖器官和卵巢的内分泌功能更趋健全，若发育正常在16～18月龄时体重可达成年牛的70%～75%。这样的育成母牛即可进行第一次配种，但发育不好或体重达不到这个标准的育成牛，不要过早配种，否则对牛本身和胎儿的发育均有不良影响。此阶段消化器官的发育已接近成熟，要保持营养适中，不能过于丰富也不能营养不良，否则过肥不易受孕或造成难产，过瘦使发育受阻，体躯狭浅，延迟其发情和配种。

混合料可采用如下配方：①玉米40%，豆饼26%，麸皮28%，尿素2%，食盐1%，预混料3%。②玉米33.7%，葵花饼25.3%，麸皮26%，高粱7.5%，碳酸钙3%，磷酸氢钙2.5%，食盐2%。日喂量：混合料2.5千克，玉米青贮13～20千克，羊草2.5～3.5千克，甜菜(粉)渣2～4千克。

(4)18～24月龄　一般母牛已配种怀孕。育成牛生长速度减小，体躯显著向深宽方向发展。初孕到分娩前2～3个月，胎儿日益长大，胃受压，从而使瘤胃容积变小，采食量减少，这时应多喂一些易于消化和营养含量高的粗饲料。日粮应以优质干草、青草、青贮料和多汁饲料及氨化秸秆作基本饲料，少喂或不喂精料。根据初孕牛的体况，每日可补喂含维生素、钙磷丰富的配合饲料1～2千克。这个时期的初孕牛体况不得过肥，以看不到肋骨较为理想。发育受阻及妊娠后期的初孕牛，混合料喂量可增加到3～4千克。

2.舍饲育成牛的放牧

采用放牧饲养时，要严格把公牛分出单放，以避免偷配而影响牛群质量。对周岁内的小牛宜近牧或放牧于较好的草地上。冬、春季应采用舍饲。

对于育成母牛,如有放牧条件,应以放牧为主。放牧青草能吃饱时,非良种黄牛每天平均增重可达 400 克,良种牛及其改良牛可达到 500 克,通常不必回圈补饲。青草返青后开始放牧时,嫩草含水分过多,能量及镁缺乏,必须每天在圈内补饲干草或精料,补饲时机最好在牛回圈休息后,夜间进行。夜间补饲不会降低白天放牧采食量,也免除了回圈立即补饲而使牛群回圈路上奔跑所带来的损失。补饲量应根据牧草生长情况而定。冬末春初每头育成牛每天应补 1 千克左右配合料,每天喂给 1 千克胡萝卜或青干草,或者 0.5 千克苜蓿干草,或每千克料配入 1 万国际单位维生素 A。

3. 舍饲育成牛的管理

(1)分群　犊牛断奶后根据性别和年龄情况进行分群。首先是公母牛分开饲养,因为公母牛的发育和对饲养管理条件的要求不同;分群时同性别内年龄和体格大小应该相近,月龄差异一般不应超过 2 个月,体重差异不高于 30 千克。

(2)加强运动　在舍饲条件下,青年母牛每天应至少有 2 小时以上的运动,一般采取自由运动。在放牧的条件下,运动时间一般足够。加强育成牛的户外运动,可使其体壮胸阔,心肺发达,食欲旺盛。如果精料过多而运动不足,容易发胖,体短肉厚个子小,早熟早衰,利用年限短。

(3)刷拭和调教　为了保持牛体清洁,促进皮肤代谢和养成温驯的气质,育成牛每天应刷拭 1～2 次,每次 5～10 分钟。

(4)放牧管理　采用放牧饲养时,要严格把公牛分出单放,以避免偷配而影响牛群质量。对周岁内的小牛宜近牧或放牧于较好的草地上。冬、春季应采用舍饲。

三、育成牛的初次配种

(1)初情期 犊牛出生以后,随着年龄的增长及各系统的发育,生殖系统的结构与功能也日趋完善和成熟。母牛达到初情期的标志是初次发情。在初情期,母牛虽然开始出现发情症状,但这时的发情是不完全、不规则的,而且常不具备生育力。肉用育成牛初情期一般在6～12月龄。

(2)性成熟 性成熟指的是母牛有完整的发情表现,可排出能受精的卵子,形成了有规律的发情周期,具备了繁殖能力,叫做性成熟。性成熟是牛的正常生理现象。性成熟期的早晚与品种、性别、营养、管理水平、气候等遗传方面和环境方面的多种因素有关,也是影响肉牛生产的因素之一。如小型早熟品种甚至在哺乳期(6～8月龄)内就可达到性成熟;而大型、晚熟品种,则需长到12月龄或更晚。幼牛在生长期如果一直处于营养状况良好的条件下,可比营养不良的牛性成熟早4～6个月。放牧牛在气候适宜、牧草丰盛的条件下性成熟早,反之就晚。春夏季出生的母牛性成熟较早,秋冬季出生的母牛性成熟较晚。

(3)体成熟 性成熟的母牛虽然已经具有了繁殖后代的能力,但母牛的机体发育并未成熟,全身各器官系统尚处于幼稚状态,此时尚不能参加配种,承担繁殖后代的任务。过早配种对育成母牛有不良影响。有的在育成母牛尚未到12月龄,就已使之怀孕。这种现象会对母牛后期生长发育产生不良影响,因为此时的育成母牛身体的生长发育仍未成熟,还需要大量的营养物质来满足自身的生长发育需要,倘若过早地使之配种受孕,则不仅会妨碍母牛身体的生长发育,造成母牛个体偏小,分娩时由于身体各器官系统发育不成熟而易于难产,而且还会使母腹中的胎儿由于得不到充足的营养而体质虚弱,发育不良,甚至娩出死胎。

体成熟是指公母牛骨骼、肌肉和内脏各器官已基本发育完成，而且具备了成年时固有的形态和结构。因此，母牛性成熟并不意味着配种适龄，因为在整个个体的生长发育过程中，体成熟期要比性成熟期晚得多，这时虽然性腺已经发育成熟，但个体发育尚未完善。育成母牛交配过早，不仅会影响其本身的正常发育和生产性能，缩短利用年限，并且还会影响到幼犊的生活力和生产性能。只有当母牛生长发育基本完成时，其机体具有了成年牛的结构和形态，达到体成熟时才能参加配种。通常肉牛的初次输精（配种）适龄为16～18月龄，或达到成年母牛体重的70%为宜。

一般来说，性成熟早的母牛，体成熟也早，可以早点配种、产犊，从而提高母牛终生的产犊数并增加经济效益。育成母牛初配年龄应在加强饲养管理和培育的基础上，根据其生长发育和健康状况而决定，只有发育良好的育成母牛才可提前配种。这样可提高母牛的生产性能，降低生产成本。

第三节　怀孕母牛的饲养管理

怀孕期母牛的营养需要和胎儿的生长有直接关系。妊娠前期胎儿各组织器官处于分化形成阶段，营养上不必增加需要量，但要保证饲养的全价性，尤其是矿物元素和维生素A、维生素D和维生素E的供给。对于没有带犊的母牛，饲养上只考虑母牛维持和运动的营养需要量；对于带犊母牛，饲养上应考虑母牛维持、运动、泌乳的营养需要量。一般而言，以优质青粗饲料为主，精料为辅。胎儿的增重主要在妊娠的最后3个月，此期的增重占犊牛初生重的70%～80%，需要从母体供给大量营养，饲养上要注意增加精料量,多给蛋白质含量高的饲料。一般在母牛分娩前,至少要增重45~70千克,才足以保证产犊后的正常泌乳与发情。

一、舍饲

舍饲时可一头母牛一个牛床,单设犊牛室;也可在母牛床侧建犊牛岛,各牛床间用隔栏分开。前一种方式设施利用率高,犊牛易于管理,但耗工;后一种方式设施利用率低,简便省事,节约劳动力。舍饲的牛舍要设运动场,以保证繁殖母牛有充足的光照和运动。

(1)日粮 按以青粗饲料为主适当搭配精饲料的原则,参照饲养标准配合日粮。粗料如以玉米秸为主,由于蛋白质含量低,可搭配1/3~1/2优质豆科牧草,再补饲饼粕类,也可以用尿素代替部分饲料蛋白。粗料以麦秸为主时,则须搭配豆科牧草,根据膘情补加混合精料1~2千克,精料配方:玉米52%,饼类20%,麸皮25%,石粉1%,食盐1%,微量元素、维生素1%。每头牛每天添加1 200~1 600国际单位维生素A。怀孕母牛应适当控制棉籽饼、菜籽饼、酒糟等饲料的喂量。

(2)管理 精料量较多时,可按先精后粗的顺序饲喂。精料和多汁饲料较少(占日粮干物质10%以下)时,可采用先粗后精的顺序饲喂,即先喂粗料,待牛吃半饱后,在粗料中拌入部分精料或多汁料碎块,引诱牛多采食,最后把余下的精料全部投饲,吃净后下槽。不能喂冰冻、发霉饲料。饮水温度要求不低于10℃。怀孕后期应做好保胎工作,无论放牧或舍饲,都要防止挤撞、猛跑。在饲料条件较好时,要避免过肥和运动不足。充足的运动可增强母牛体质,促进胎儿生长发育,并可防止难产。

二、放牧

以放牧为主的肉牛业，青草季节应尽量延长放牧时间，一般可不补饲。枯草季节，根据牧草质量和牛的营养需要确定补饲草料的种类和数量；特别是在怀孕最后的2～3个月，如遇枯草期，应进行重点补饲，另外枯草期维生素A缺乏，注意补饲胡萝卜，每头每天0.5～1千克，或添加维生素A添加剂；另外应补足蛋白质、能量饲料及矿物质的需要。精料补量每头每天1千克左右。精料配方：玉米50%，麦麸10%，豆饼30%，高粱7%，石粉2%，食盐1%。

第四节　分娩期母牛的饲养管理

分娩期(围产期)是指母牛分娩前后各15天。这一阶段对母牛、胎犊和新生犊牛的健康都非常重要。围产期母牛发病率高，死亡率也高，因此必须加强护理。围产期是母牛经历妊娠至产犊至泌乳的生理变化过程，在饲养管理上有其特殊性。

一、产前准备

母牛应在预产期前1～2周进入产房。产房要求宽敞、清洁、保暖、环境安静，并在母牛进入产房前用10%石灰水粉刷消毒，干后在地面铺以清洁干燥、卫生(日光晒过)的柔软垫草。在产房临产母牛应单栏饲养并可自由运动，喂易消化的饲草饲料，如优质青干草、苜蓿干草和少量精料；饮水要清洁卫生，冬天最好饮温水。

在产前要准备好用于接产和助产的用具、器具和药品，在母牛分娩时，要细心照顾，合理助产，严禁粗暴。为保证安全接产，必须安排有经验的饲养人员昼夜值班，注意观察母牛的临产症状，保证安全分娩。纯种肉用牛难产率较高，尤其初产母牛，必须做好助产工作。

母牛在分娩前 1～3 天，食欲低下，消化机能较弱，此时要精心调配饲料，精料最好调制成粥状，特别要保证充足的饮水。

二、临产证兆

随着胎儿的逐步发育成熟和产期的临近，母牛在临产前发生一系列变化。主要有：

(1)乳房　产前约半个月乳房开始膨大，一般在产前几天可以从乳头挤出黏稠、淡黄色液体，当能挤出乳白色初乳时，分娩可在 1～2 天内发生。

(2)阴门分泌物　妊娠后期阴唇肿胀，封闭子宫颈口的黏液塞溶化，如发现透明索状物从阴门流出，则 1～2 天内将分娩。

(3)“塌沿”　妊娠末期，骨盆部韧带软化，臀部有塌陷现象。在分娩前一两天，骨盆韧带充分软化，尾部两侧肌肉明显塌陷，俗称“塌沿”，这是临产的主要症状。

(4)宫缩　临产前，子宫肌肉开始扩张，继而出现宫缩，母牛卧立不安，频频排出粪尿，不时回头，说明产期将近。

观察到以上情况后，应立即做好接产准备。

三、接产

一般胎膜小泡露出后 10～20 分钟，母牛多卧下(要使它向左侧卧)。当胎儿前蹄将胎膜顶破时，要用桶将羊水(胎水)接住，产后给母牛灌服 3.5～4 千克,可预防胎衣不下。正常情况下,是两前脚夹着头先出来;倘发生难产,应先将胎儿顺势推回子宫,矫正胎位,不可硬拉。倒生时,当两腿产出后,应及早拉出胎儿,防止胎儿腹部进入产道后脐带被压在骨盆底下,造成胎儿窒息死亡。若母牛阵缩、努责微弱,应进行助产。用消毒绳缚住胎儿两前肢系部,助产者双手伸入产道,大拇指插入胎儿口角,然后捏住下颚,乘母牛努责时,一起用力拉,用力方向应稍向母牛臀部后上方。但拉的动作要缓慢,以免发生子宫内翻或脱出。当胎儿腹部通过阴门时,用手捂住胎儿脐孔部,防止脐带断在脐孔内,并延长断脐时间,使胎儿获得更多的血液。母牛分娩后应尽早将其驱起,以免流血过多,也有利于生殖器官的复位。为防子宫脱出,可牵引母牛缓行15 分钟左右,以后逐渐增加运动量。

四、产后护理

母牛分娩后,由于大量失水,要立即喂母牛以温热、足量的麸皮盐水(麸皮 1～2 千克,盐 100～150 克,碳酸钙 50～100 克,温水 15～20 千克),可起到暖腹、充饥、增腹压的作用。同时喂给母牛优质、嫩软的干草 1～2 千克。为促进子宫恢复和恶露排出,还可补给益母草温热红糖水(益母草 250 克,水 1 500 克,煎成水剂后,再加红糖 1 000 克,水 3 000 克),每日 1 次,连服 2～3 天。

胎衣一般在产后 5～8 小时排出,最长不应超过 12 小时。如果超过 12 小时,尤其是夏天,应进行药物治疗,投放防腐剂或及早进行剥离手术,否则易继发子宫内膜炎,影响今后的繁殖。可在子宫内投入 5%～10%的氯化钠溶液 300～500 毫升或用生理盐水200～300 毫升溶解金霉素、土霉素或氯霉素 2～5 克,注入子宫内膜和胎衣间。胎衣排出后应检查是否排出完全及有无病理变化，并密切注意恶露排出的颜色、气味和数量，以防子宫弛缓引起恶露滞留，导致疾病。要防止母牛自食胎衣，以免引起消化不良。如胎衣在阴门外太长，最好打一个结，不让后蹄踩踏；严禁拴系重物，以防子宫脱出。对于挤奶的母牛，产后5天内不要挤净初乳，可逐步增加挤奶量。母牛产后一般康复期为2～3周。

母牛经过产犊，气血亏损，抵抗力减弱，消化机能及产道的恢复需要一段时间，而乳腺的分泌机能却在逐渐加强，泌乳量逐日上升，形成了体质与产乳的矛盾。此时在饲养上要以恢复母牛体质为目的。在饲料的调配上要加强其适口性，刺激牛的食欲。粗饲料则以优质干草为主。精料不可太多，但要全价，优质，适口性好，最好能调制成粥状，并可适当添加一定的增味饲料，如糖类等。对体弱母牛，在产犊3天后喂给优质干草，3～4天后可喂多汁饲料和精饲料。当乳房水肿完全消失时，饲料即可增至正常。如果母牛产后乳房没有水肿，体质健康粪便正常，在产犊后第一天就可喂给多汁饲料，到6～7天时，便可增加到足够喂量。要保持充足、清洁、适温的饮水。一般产后1～5天应饮给温水，水温37～40℃，以后逐渐降至常温。

产犊的最初几天，母牛乳房内血液循环及乳腺细胞活动的控制与调节均未正常，如乳房水肿严重，要加强乳房的热敷和按摩，每次挤奶热敷按摩5～10分钟，促进乳房消肿。

分娩后阴门松弛，躺卧时黏膜外翻易接触地面，为避免感染，地面应保持清洁，垫草要勤换。母牛的后躯阴门及尾部应用消毒液清洗，以保持清洁。加强监护，随时观察恶露排出情况，观察阴门、乳房、乳头等部位是否有损伤。每日测1～2次体温，若有升高及时查明原因进行处理。

第五节　哺乳母牛的饲养管理与产后配种

一、哺乳母牛的饲养管理

哺乳母牛的主要任务是多产奶，以供犊牛需要。母牛在哺乳期所消耗的营养比妊娠后期要多；每产1千克含脂率4%的奶，相当消耗0.3～0.4千克配合饲料的营养物质。1头大型肉用母牛，在自然哺乳时，平均日产奶量可达6～7千克，产后2～3个月到达泌乳高峰；本地黄牛产后平均日产奶2～4千克，泌乳高峰多在产后1个月出现。西门塔尔等兼用牛平均日产奶量可达10千克以上，此时母牛如果营养不足，不仅产乳量下降，还会损害健康。

母牛分娩3周后，泌乳量迅速上升，母牛身体已恢复正常，应增加精料用量，日粮中粗蛋白含量以10%～11%为宜，应供给优质粗饲料。饲料要多样化，一般精、粗饲料各由3～4种组成，并大量饲喂青绿、多汁饲料，以保证泌乳需要和母牛发情。舍饲饲养时，在饲喂青贮玉米或氨化秸秆保证维持需要的基础上，补喂混合精料2～3千克，并补充矿物质及维生素添加剂。放牧饲养时，因为早春产犊母牛正处于牧地青草供应不足的时期，为保证母牛产奶量，要特别注意泌乳早期的补饲。除补饲秸秆、青干草、青贮料等，每天补喂混合精料2千克左右，同时注意补充矿物质及维生素。头胎泌乳的青年母牛除泌乳需要外，还需要继续生长，营养不足对繁殖力影响明显，所以一定要饲喂优良的禾本科及豆科牧草，精料搭配多样化。在此期间，应加强乳房按摩，经常刷拭牛体，促使母牛加强运动，充足饮水。

分娩3个月后，产奶量逐渐下降，母牛处于妊娠早期，饲养上可适当减少精料喂量，并通过加强运动、梳刮牛体、给足饮水等措施，加强乳房按摩及精细的管理，可以延缓泌乳量下降；要保证饲料质量，注意蛋白质品质，供给充足的钙磷、微量元素和维生素。这个时期，牛的采食量有较大增长，如饲喂过量的精料，极易造成母牛过肥，影响泌乳和繁殖。因此，应根据体况和粗饲料供应情况确定精料喂量，多供青绿多汁饲料。

现列出两个哺乳期母牛的精料配方，供参考。

配方1：玉米50%，熟豆饼（粕）10%，棉仁饼（或棉粕）5%，胡麻饼5%，花生饼3%，葵籽饼4%，麸皮20%，磷酸氢钙1.5%，碳酸钙0.5%，食盐0.9%，微量元素和维生素添加剂0.1%。

配方2：玉米50%，熟豆饼（粕）20%，麸皮12%，玉米蛋白10%，酵母饲料5%，磷酸氢钙1.6%，碳酸钙0.4%，食盐0.9%，强化微量元素与维生素添加剂0.1%。

二、产后配种

繁殖母牛在产后配种前应具有中上等膘情，过瘦过肥往往影响繁殖。在肉用母牛的饲养管理中，容易出现精料过多而又运动不足，造成母牛过肥，不发情。但在营养缺乏、母牛瘦弱的情况下，也会造成母牛不发情而影响繁殖。瘦弱母牛配种前1～2个月加强饲养，应适当补饲精料，提高受胎率。

母牛产后开始出现发情平均为产后34天（20～70天）。但由于我国各种原因，1998年张志胜等对河北大厂、赞皇、丰宁、抚宁等县西杂牛的调查，母牛产后第一次发情时间平均138.5天。一般母牛产后1～3个情期，发情排卵比较正常，随着时间的推移，犊牛体重增大，消耗增多，如果不能及时补饲，往往母牛膘情下降，发情排卵受到影响。因此，产后多次错过发情期，则情期受胎率会越来越低。如果出现此种情况，应及时进行直肠检查，摸清情况，慎重处理。

母牛出现空怀，应根据不同情况加以处理。造成母牛空怀的原因，有先天和后天两个方面。先天不孕一般是由于母牛生殖器官发育异常，如子宫颈位置不正、阴道狭窄、幼稚病、异性孪生的母犊和两性畸形等，先天性不孕的情况较少，在育种工作中淘汰那些隐性基因的携带者，就能加以解决。后天性不孕主要是由于营养缺乏、饲养管理及生殖器官疾病所致。

成年母牛因饲养管理不当造成不孕，在恢复正常营养水平后，大多能够自愈。在犊牛时期由于营养不良致生长发育受阻，影响生殖器官正常发育而造成的不孕，则很难用饲养方法补救。若育成母牛长期营养不足，则往往导致初情期推迟，初产时出现难产或死胎，并且影响以后的繁殖力。

另外改善饲养管理条件，增加运动和日光浴可增强牛群体质、提高母牛的繁殖能力。牛舍内通风不良，空气污浊，夏季闷热，冬季寒冷，过度潮湿等恶劣环境极易危害牛体健康，敏感的个体，很快停止发情。因此，改善饲养管理条件十分重要。

思考题

1. 初生期犊牛应当怎样管理？
2. 如何提高奶公犊的成活率？
3. 简述犊牛的饲养管理。
4. 育成牛的初次配种在什么时间较为适宜？
5. 母牛产后应当怎样护理？
6. 要做到产后适时配种应当采取什么措施？

第四章　肉牛生态育肥技术

导　读　从遗传因素、生理因素和环境因素论述影响肉牛育肥效果的因素；重点叙述肉牛育肥技术中小白牛肉生产技术、小牛肉生产技术、舍饲持续育肥技术、放牧舍饲持续育肥技术、架子牛育肥技术、高档牛肉生产技术、有机牛肉生产技术。

第一节　影响肉牛育肥效果的因素

一、遗传因素

肉牛的品种和品种间的杂交等都影响肉牛育肥效果。

专用肉牛品种比乳用牛、乳肉兼用牛和我国的黄牛等生长育肥速度快，特别是能进行早期育肥，提前出栏，饲料利用率、屠宰率和胴体净肉率高，肉的质量好。一般优良的肉用品种牛，肥育后的屠宰率平均为60%～65%，最高的可达68%～72%；肉乳兼用品种达62%以上，而一般乳用型荷斯坦牛只有35%～43%。

近年来，国外已广泛采用品种间经济杂交，利用杂交优势，能有效地提高肉牛的生产力。美国、前苏联等国的研究结果表明，两品种的杂交后代生长快，饲料利用率高，其产肉能力比纯种提高15%～20%。三品种杂交效果比两品种杂交更好，所得杂交后代的早熟性和肉的质量均胜过纯种牛。

我国利用国外优良肉牛品种的公牛与我国黄牛杂交，杂交后代的杂种优势使生长速度和肉的品质都得到了很大提高。杂交改良牛初生重明显增加，各阶段生长速度显著提高。经测定，几种杂交改良二代牛的初生重比本地黄牛提高21.33%～68.62%，18月龄体重提高20.82%～61.47%，24月龄体重提高14.08%～40.79%。黄牛经过杂交改良，体型明显增大，随着杂交代数的提高，体型逐步向父本类型过渡。经过大量试验表明，西杂改良种不但产奶量提高，而且乳质量好；西杂、夏杂、利杂等改良种，肉用性能显著提高，屠宰率、净肉率和眼肌面积增加，肌肉丰满，仍保持了中国黄牛肉的多汁、口感好及风味可口等特点。

西杂牛（西门塔尔牛与本地牛杂交后代），毛色以黄（红）白花为主，花斑分布随着代数增加而趋整齐，体躯深宽高大，结构匀称，体质结实，肌肉发达；乳房发育良好，体型向乳肉兼用型方面发展；利杂牛（利木赞牛与本地牛杂交后代），毛色黄色或红色，体躯较长，背腰平直，后躯发育良好，肌肉发达，四肢稍短，呈肉用型；夏杂牛（夏洛来牛与本地牛杂交后代），毛色为草白或灰白，有的呈黄色（或奶油白色），体型增大，背腰宽平，臀、股、胸肌发达，四肢粗壮，体质结实，呈肉用型；黑杂牛（荷斯坦牛与本地牛杂交后代），毛色以全黑到大小不等的黑白花毛片，体躯高大、细致，生长快速，杂交三代牛呈乳用牛体型，趋于纯种奶牛；另外还有短角牛、安格斯牛等与本地牛杂交的改良牛，体型结构都较本地黄牛有明显改进。用皮埃蒙特公牛与西杂一代母牛进行三元杂交后，杂交后代背宽，后躯丰满，增重快，321天体重达到415千克，得到了普遍认可。

二、生理因素

年龄和性别等生理因素对肉牛生产力有一定影响。

1.年龄因素

一般幼龄牛的增重以肌肉、内脏、骨骼为主，而成年的增重除增长肌肉外，主要是沉积脂肪。年龄对牛的增重影响很大。一般规律是肉牛在出生第 1 年增重最快，第 2 年增重速度仅为第 1 年的 70%，第 3 年的增重又只有第 2 年的 50%（表 4-1）。饲料利用率随年龄增长、体重增大，呈下降趋势，一般年龄越大，每千克增重消耗的饲料也越多。在同一品种内，牛肉品质和出栏体重有非常密切的关系，出栏体重小，往往不如体重大的牛，但变化不如年龄的影响大。按年龄，大理石花纹形成的规律是：12 月龄以前花纹很少；12～24 月龄，花纹迅速增加，30 月龄以后花纹变化很微小。由此看出要获得经济效益高的高档牛肉，需在 18～24 月龄时出栏。目前国外肉牛的屠宰年龄一般为 1～1.5 岁，最迟不超过 2 岁。

表 4-1　年龄与肥育效果

牛年龄	头数	平均日龄	平均活重/千克	出生后每日增重/千克	肥育全期增重/千克	
					总增重	日增重
1 岁以下	30	297	354	1.19	354	1.19
1～2 岁	152	612	606	0.99	252	0.799
2～3 岁	145	943	744	0.79	138	0.422
3 岁以上	133	1 283	880	0.69	136	0.395

＊引自《肉牛学》李登元。

2. 性别因素

性别影响牛的育肥速度，在同样的饲养条件下，以公牛生长最快，阉牛次之，母牛最慢，在肥育条件下，公牛比阉牛的增重速度高 10%，阉牛比母牛的增重速度高 10%。这是因为公牛体内性激素——睾酮含量高的缘故。因此如果在 24 月龄以内肥育出栏的公牛，以不去势为好。牛的性别影响肉的质量。一般地说，母牛肌纤维细，结缔组织较少，肉味亦好，容易育肥；公牛比阉牛、母牛具有较多的瘦肉，肉色鲜艳，风味醇厚，较高的屠宰率和较大的眼肌面积，经济效益高；而阉牛胴体则有较多的脂肪。

三、环境因素

环境因素包括饲养水平和营养状况、管理水平、外界气温等。环境因素对肉牛生产能力的影响占70%。

(一)饲养水平和营养状况

饲料是改善肉的品质、提高肉的产量最重要的因素。日粮营养是转化牛肉的物质基础,恰当的营养水平结合牛体的生长发育特点能使育肥肉牛提高产肉量,并获得含水量少、营养物质多、品质优良的肉。另外肉牛在不同的生长育肥阶段,对营养水平要求不同,幼龄牛处于生长发育阶段,增重以肌肉为主,所以需要较多的蛋白质饲料;而成年牛和育肥后期增重以脂肪为主,所以需要较高的能量饲料。饲料转化为肌肉的效率远远高于饲料转化为脂肪的效率。

1.精、粗饲料比例

在肉牛的育肥阶段,精饲料可以提高牛胴体脂肪含量,提高牛肉的等级,改善牛肉风味。粗饲料在育肥前期可锻炼胃肠机能,预防疾病的发生,这主要是由于牛在采食粗料时,能增加唾液分泌并使牛的瘤胃微生物大量繁殖,使肉牛处于正常的生理状态,另外由于粗饲料可消化养分含量低,防止血糖过高,低血糖可刺激牛分泌生长激素,从而促进生长发育。

一般肉牛育肥阶段日粮的精、粗比例为:前期粗料为55%～65%,精料为45%～35%;中期粗料为45%,精料为55%;后期粗料为15%～25%,精料为85%～75%。

2.营养水平

采用不同的营养水平,增重效果不同(表4-2)。

由表4-2可以看出:①育肥前期采用高营养水平时,虽然前期日增重提高，但持续时间不会很长，因此，当继续高营养水平饲养时，增重反而降低。②育肥前期采用低营养水平，前期虽增重较低，但当采用高营养水平时，增重提高。③从育肥全程的日增重和饲养天数综合比较，育肥前期，营养水平不宜过高，肉牛育肥期的营养类型以中高型较为理想。

表 4-2　营养水平与增重的关系

营养水平	试牛头数	育肥天数	始重/千克	前期终重/千克	后期终重/千克	前期日增重/千克	后期日增重/千克	全程日增重/千克
高高型	8	394	284.5	482.6	605.1	0.94	0.68	0.81
中高型	11	387	275.7	443.4	605.5	0.75	0.99	0.86
低高型	7	392	283.7	400.1	604.6	0.55	1.13	0.82

3.饲料添加剂

使用适当的饲料添加剂可使肉牛增重速度提高，如脲酶抑制剂、瘤胃调控剂、瘤胃素等，详见本书肉牛饲料添加剂部分。

4.饲料形状

饲料的不同形状，饲喂肉牛的效果不同。一般来说颗粒料的效果优于粉状料，使日增重明显增加。精料粉碎不宜过细，粗饲料以切短利用效果最好。

（二）环境温度影响肉牛的育肥速度

最适气温为 10～21℃，低于 7℃，牛体产热量增加，维持需要增加，要消耗较多的饲料，肉牛的采食量增加 2%～25%；环境温度高于 27℃，牛的采食量降低 3%～35%，增重降低。在温暖环境中反刍动物利用粗饲料能力增强，而在较低温度时消化能力下降。在低温环境下，肉犊牛比成年肉牛更易受温度影响。空气湿度也会影响牛的育肥，因为湿度会影响牛对温度的感受性，尤其是低温和高温条件下，高湿会加剧低温和高温对牛的危害。总之，不适合肉牛生长的恶劣环境和气候对肉牛肥育有较大影响，所以，在冬、夏季节要注意保暖和降温，为肉牛创造良好的生活环境。

(三)饲养管理因素

饲养管理的好坏直接影响育肥速度。除采食外，尽量使牛少运动。圈舍应保持良好的卫生状况和环境条件，育肥前进行驱虫和疫病防治，经常刷拭牛体，保持体表干净等。

第二节　犊牛育肥技术

一、小白牛肉生产技术

小白牛肉是指将犊牛培育至6～8周龄体重90千克时屠宰，或18～26周龄，体重达到180～240千克屠宰。生产白牛肉犊牛完全用全乳、脱脂乳、代用乳饲喂，少喂或不喂其他饲料，因此白牛肉生产不仅饲喂成本高，牛肉售价也高，其价格是一般牛肉价格的2～10倍。

小白牛肉的肉质软嫩，味道鲜美，肉呈白色或稍带浅粉色，营养价值很高，蛋白质含量比一般的牛肉高，脂肪却低于普通牛肉，人体所需的氨基酸和维生素齐全，又容易消化吸收，属于高档牛肉。

小白牛肉的生产以荷兰最为突出。荷兰乳用品种牛肉占牛肉总产量的90%，其产的小白牛肉向多个国家出口，价格昂贵，以柔嫩多汁、味美色白而享誉世界。其他如欧共体、德国、美国、加拿大、澳大利亚、日本等国家或地区的发展也很快。

(一)小白牛肉分类

(1)鲍布小牛肉　犊牛的屠宰年龄少于4周,屠宰活重57千克以下,其瘦肉颜色呈淡粉红色,肉质极嫩。

(2)犊牛小牛肉　犊牛的屠宰年龄为4～12周龄,活重57～140千克。

(3)特殊饲喂小牛肉　犊牛全部饲喂给全乳或营养全价的代乳粉,直到12～26周龄,体重达到150～240千克屠宰。肉色为象牙白或奶油状的粉红,肉质柔软、有韧性,肉味鲜美。这种特殊饲喂的小白牛肉大约占美国小白牛肉产量的85%,荷兰基本也采用此生产模式。

(4)精料饲喂的小牛肉　犊牛前6周以牛乳为基础饲喂,然后喂以全谷物和蛋白的日粮,这种犊牛肉肉色较深,有大理石纹和可见的脂肪,屠宰年龄5～6月龄,活重220～260千克。

(二)小白牛肉生产的饲养模式

1.单笼拴系饲养

传统的饲养方式,犊牛笼尺寸大多选用的是64～74厘米宽、176厘米长的犊牛笼。其笼子地面多用条形板或是镀了金属的塑料铺设,其间有空隙,以便及时清除粪尿。笼前方有开口,可供犊牛将头伸出采食饲料和饮水。笼子两个侧面也是用条形板围成,用来防止犊牛之间的相互吮舔,整个牛笼后部和顶部均是敞开的,犊牛用61～92厘米长的塑料绳或者金属链子拴系到笼子前面,限制其自由活动。

2.单笼不拴系饲养

为了保证动物健康和福利,目前有些国家规定了犊牛的活动空间,一般每头牛位1.8米^2,在荷兰犊牛笼尺寸大多选用的是80～100厘米宽、180～200厘米长的犊牛笼。地面多用条形木板。

保证犊牛能够转身活动。

3. 圈舍群养

犊牛在条形板铺成的圈舍里群养，每头犊牛所占面积 1.3～1.8 米^2 不等，在此种饲喂模式下，犊牛在进入育肥场后，将每头牛拴系起来进行饲喂，6～8 周以后，只在每天喂料的 30 分钟里将犊牛拴系起来，其他时间让其自由活动。地面选用条形板或者铺放干草垫，在地面铺放干草垫时，给犊牛戴上了口罩，防止其采食干草。

4. 群饲与单独饲养结合模式（荷兰饲养模式）

犊牛在前 8 周采取小圈群饲，5 头一圈，共约 9 米^2；8 周后每头单笼饲养，每头牛位 1.8 米^2，见图 4-1、图 4-2。

图 4-1　小圈群饲

图 4-2　单笼饲养

(三)犊牛的选择

生产白牛肉的犊牛品种很多,肉用品种、乳用品种、兼用品种或杂交种牛犊都可以。目前以前期生长速度快、牛源充足、价格较低的奶牛公犊为主,且便于组织生产。奶牛公犊一般选择初生重不低于40千克、无缺损、健康状况良好的初生公牛犊。体质良好,最好为母牛两产以上所生的犊牛。体形外貌应选择头方嘴大、前管围粗壮、蹄大的犊牛。

(四)育肥方法

1. 全乳或代乳粉

传统的白牛肉生产,由于犊牛吃了草料后肉色会变暗,不受消费者欢迎,为此犊牛肥育不能直接饲喂精料、粗料,应以全乳或代乳品为饲料。1千克牛肉约消耗10千克牛乳,很不经济,因此,近年来采用代乳料加人工乳喂养越来越普遍。采用代乳料和人工乳喂养,平均每生产1千克小白牛肉需1.3千克的干代乳料或人工乳。不同代乳料间质量差异很大,主要与脂质水平和蛋白源相关(植物源蛋白、动物血清、鸡蛋蛋白及乳源蛋白)。4周龄前的犊牛不能有效消化植物源蛋白,因此不能仅为了节省成本而冒险使用低质代乳料。小白牛肉全乳生产方案见表4-3。

表4-3　小白牛肉全乳生产方案

日龄	日给乳量/千克	日增重/千克	期末体重/千克	需乳总量/千克
1～30	6～7	0.56	59	180～210
31～60	7～8	0.88	86	210～240
61～90	10～12	1.11	119	300～360
91～120	14～16	1.13	153	420～480
			总计乳量	1 110～1 290
121～150	16～18	1.10	204	480～540
			总计乳量	1 590～1 830

(1)吃足初乳　犊牛出生后应该在1小时里尽早吃上初乳,第1次2千克以上,一般12～14小时初乳的喂量应达到6千克,才能保证犊牛得到足够的抗体含量用于抵抗疾病的侵袭。前3天喂初乳,3天后转入常乳饲喂。最好选用经产母牛的初乳,并在－20℃下保存1年,成分基本不发生变化,可照常食用,如果用经常使用的家用冰箱,保存时间不要超过半年。初乳饲喂前在60℃下温水解冻,超过60℃会破坏免疫球蛋白。另外通过初乳垂直感染的病原微生物——副结核、牛白血病、沙门氏菌经60℃加热30分钟可以杀死。如果不是自繁自养,最好购买出生2周以后的犊牛,已经具备了一定抗运输应激、疾病等能力。

(2)定时定温　用水浴加热至38～40℃,定时定温饲喂2～3次。初生后15日龄内饲喂牛奶温度非常重要,适宜温度为38～45℃,低于38℃犊牛易发生腹泻。

(3)饲喂方法　为了保证犊牛前期食管沟闭合完全,0～2月龄犊牛用奶最好用奶瓶或带有奶嘴的特制奶桶喂乳(见第六章图3-1和图3-2),预防犊牛肚胀。牛乳中添加食盐0.5克/千克;3～4月龄犊牛可以用盆饲喂,可降低劳动强度,但是要严格定量。

(4)卫生与消毒　饲喂器皿每次用完进行清洗和消毒。牛圈3天消一次毒,每天清一次粪。每天早、晚两次喂牛时刷拭牛体,保持牛体清洁。

(5)每头牛饲喂定量管理　公犊牛如果群养,大小要一致,以便于对每一头犊牛的采食量进行总量控制,同时便于饲喂。

(6)饮水管理　犊牛自由饮水,水体要清洁,在冬季,天气比较寒冷的时候,饮用水温度不能太低,保证在15℃以上。

(7)温度和环境控制　圈舍要冬暖夏凉,要经常保持舍床干燥,通风良好。不同日龄的犊牛要求临界温度不同,3～4日龄时为12～13℃,20日龄时为7～8℃。在营养相同的情况下,环境温度比犊牛的临界温度每低 1℃，则每昼夜犊牛的体重损失 21～27 克。因此，犊牛牛舍的温度应保持在 15℃左右为宜，最好不低于 12℃。到了夏季注意防暑，否则会影响犊牛生长发育，提高饲养成本。

2. 荷兰标准化的犊牛白肉育肥体系

在荷兰，一般的奶公犊出生后吃足初乳，在奶牛场饲养 2～5 周后送往犊牛选择与配送中心，按周龄和体重分组后直接送往育肥场，仅范德利集团在荷兰就有 35 家选配中心。为了减少运输应激，荷兰本国内的犊牛运输，本着就近的原则，一般不超过 2.5 小时的路途。运输车辆一般采用箱式设计，上、下两层，侧面有小窗和排风扇。路途较远的运输车辆装有空调系统。运输前后饮水中加糖，运到后第 1 周所有犊牛在代乳粉中加入抗生素（土霉素＋阿莫西林）预防疾病。

育肥场一般是自愿加入范德利集团合作组织的农户，每户存栏一般 2～3 栋育肥牛舍，每栋 800 头左右。由于机械化程度较高，农户只需饲养管理人员 1～2 人，不雇用其他人员。犊牛能接触的所有设施都不含有铁，如木质漏缝地板、犊牛栏采用不锈钢材料制作。每栋育肥舍包括饲料间（代乳粉搅拌器等设施，由管道通往牛舍）、管理间（电脑管理系统）和牛舍等。

2～5 周龄的犊牛直接运到农户育肥场后便进入了范德利集团标准化的管理中。统一供给代乳粉（每头牛大约需要 360 千克代乳粉）和精饲料。每天 2 次代乳粉，使用自动计量的管道式加奶装置。代乳粉参考配方：乳清 70%、脂肪 20%、植物（大豆）蛋白 10%。4 周开始补固体料，精粗比（90∶10）～（85∶25）（4 周开始每天 200 克到 16 周 1 千克，20 周以后 2 千克），每天 2 次精粗饲料，精粗饲料主要有压片玉米、大麦、黄豆、青贮、麦秸等。所有饲料均为低铁饲料，控制维生素 A 40 毫克/千克。

育肥场管理精细，奶桶和补料槽分开。为了预防犊牛肚胀，奶桶配有自动漂浮的奶嘴，供犊牛吸吮代乳粉，有利于食管沟反射。代乳粉兑热水温度65～75℃，喂牛控制温度在40～42℃。出栏在26周，体重240千克左右，胴体重140千克左右，净肉重100千克左右。由于管理完善，整个育肥期腹泻率5%～10%，死亡率3%以下。

(五)小白牛肉生产中常见的问题

(1)笼养犊牛食欲下降　在单笼拴系饲养条件下，圈舍狭窄的设计严重限制了犊牛的自身的运动，并阻止了犊牛之间的相互联系，造成犊牛精神消沉，产生慢性应激，进而会导致犊牛食欲的降低。

(2)笼养犊牛消化问题　如果只喂牛乳而不喂饲草，会抑制犊牛瘤胃发育。因此常出现多数时间在舔食可以接触到的任何物品，过度的舔食自己所能接触到的身体部位，造成大量的牛毛进入瘤胃，进而行成毛球，有可能会阻塞食物通道。对犊牛进行人工抚摸和让其舔食手指可以减轻以上症状。

(3)群饲易发生的疾病　其一，群饲容易舔食其他牛的耳朵、脐带和阴茎，这些不良行为通常会造成舔食部位发炎和感染；其二，犊牛喝其他牛的尿也会影响其消化代谢和健康；其三，群养条件下的犊牛之间接触比较紧密，增加了疾病的传染的可能性，主要的疾病是肠炎和呼吸道疾病，另外，群养犊牛接受疾病治疗比较困难。

(4)贫血　日粮中铁的缺乏会造成犊牛贫血，造成犊牛对外界应激做出反应比较困难，影响犊牛的健康。铁的缺乏还会造成血中血红蛋白含量减少，造成动物机体摄入的氧气不足，进而加重心血管系统的负荷。此外，日粮中铁的缺乏还易导致犊牛酸中毒。单笼饲养的犊牛贫血发病率比群养犊牛高。

(六)犊牛腹泻预防和治疗

预防措施:吃足初乳,增强抗病力;保持牛床干燥、常消毒,可防止细菌、病毒、球虫等引起的腹泻。

治疗:能吃奶的犊牛给予其电解质补充液(复方生理盐水+糖+小苏打);或在乳中加入庆大霉素,2～3 支,3 次/天。不能吃奶的犊牛给予静脉注射,5%糖盐水+5%小苏打+抗生素(庆大等)。

二、小牛肉生产技术

小牛肉是犊牛出生后饲养至 7～8 月龄或 12 月龄以前,以乳和精料为主,辅以少量干草培育,体重达到 300～450 千克所产的肉,称为“小牛肉”。小牛肉分大胴体和小胴体。犊牛育肥至 7～8 月龄,体重达到 250～300 千克,屠宰率 58%～62%,胴体重 130～150 千克称小胴体。如果育肥至 8～12 月龄屠宰活重达到 350 千克以上,胴体重 200 千克以上,则称为大胴体。西方国家目前的市场动向,大胴体较小胴体的销路好。牛肉品质要求多汁,肉质呈淡粉红色,胴体表面均匀覆盖一层白色脂肪。为了使小牛肉肉色发红,许多育肥场在全乳或代用乳中补加铁和铜,并还可以提高肉质和减少犊牛疾病的发生。犊牛肉蛋白质比一般牛肉高 27.2%～63.8%,而脂肪却低,为一般牛肉的 95%左右,并且人体所需的氨基酸和维生素齐全,是理想的高档牛肉,发展前景十分广阔。

(一)犊牛品种的选择

生产小牛肉应尽量选择早期生长发育速度快的牛品种,因此,肉用牛的公犊和淘汰母犊是生产小牛肉的最好选材。在国外,奶牛公犊也是被广泛利用生产小牛肉的原材料之一。目前在我国还没有专门化肉牛品种的条件下,应以选择黑白花奶牛公犊和肉用牛与本地牛杂种犊牛为主。

(二)犊牛性别和体重的选择

生产小牛肉，以选择公犊牛为佳，因为公犊牛生长快，可以提高牛肉生产率和经济效益。体重一般要求初生重在35千克以上，健康无病，无缺损。

(三)育肥技术

小牛肉生产实际是育肥与犊牛的生长同期。犊牛出生后3天内可以采用随母哺乳，也可采用人工哺乳，但出生3天后必须改由人工哺乳，1月龄内按体重的8%～9%喂给牛奶。精料量从7～10日龄开始习食后逐渐增加到0.5～0.6千克，青干草或青草任其自由采食。1月龄后喂奶量保持不变，精料和青干草则继续增加，直至育肥到6月龄为止。可以在此阶段出售，也可继续育肥至7～8月龄或1周岁出栏。出栏时期的选择，根据消费者对小牛肉口味喜好的要求而定，不同国家之间并不相同。

在国外，为了节省牛奶，更广泛采用代乳料。在采用全乳还是代用乳饲喂时，国内可根据综合的支出成本高低来决定采用哪种类型。因为代乳品或人工乳如果不采用工厂化批量生产，其成本反而会高于全乳。所以在小规模生产中，使用全乳喂养可能效益更好。

全乳喂养方案一：见表4-4。

犊牛在4周龄前要严格控制喂奶速度、奶温及奶的卫生等，以防消化不良或腹泻，特别是要吃足初乳。5周龄以后可拴系饲养，减少运动，每日晒太阳3～4小时。夏季要防暑降温，冬季宜在室内饲养(室温在0℃以上)。每日应刷拭牛体，保持牛体卫生。犊牛在育肥期内每天喂2～3次，自由饮水，夏季饮凉水，冬季饮20℃左右温水。犊牛用混合料可采用如下配方：玉米60%、豆饼12%、大麦13%、酵母粉3%、植物油10%、磷酸氢钙1.5%、食盐

0.5%。每千克饲料中加入22克土霉素，维生素A为1万～2万国际单位。

表4-4　小牛肉生产方案　　千克

周龄	始重	日增重	日喂乳量	配合料喂量	青干草
0～4	50	0.95	8.5	自由采食	自由采食
5～7	76	1.20	10.5	自由采食	自由采食
8～10	102	1.30	13	自由采食	自由采食
11～13	129	1.30	14	自由采食	自由采食
14～16	156	1.30	10	1.5	自由采食
17～21	183	1.35	8	2.0	自由采食
22～27	232	1.35	6	2.5	自由采食
合计			1 088	300	300

全乳喂养方案二：犊牛出生至8月龄出栏，将犊牛在特殊饲养条件下饲养7～8个月，使体重达到250千克以上时屠宰。可选用肉用杂交公犊或奶公犊，初生重不小于35千克。从2月龄开始补料，具体饲养方案见表4-5。犊牛育肥期配合料配方见表4-6。

表4-5　犊牛育肥饲养方案　　千克

周龄	体重	日增重	喂全乳量或随母哺乳	喂配合料量	青草或青干草
1 2 3 4	40～59	0.6～0.8	5 5.5 6 6.5	0.05 0.1 0.15	—
5 6 7	60～79	0.9～1.0	7 7.5 7.9	0.25 0.4 0.55	—

续表 4-5

周龄	体重	日增重	喂全乳量或随母哺乳	喂配合料量	青草或青干草
8 9 10	80～99	0.9～1.1	8	0.7 0.85 1.0	自由采食
11 12 13	100～124	1.0～1.2	7	1.2 1.4 1.6	自由采食
14 15 16	125～149	1～1.3	断奶	2.0 2.2 2.4	自由采食
17 18 19 20 21	150～199	1～1.4		2.7 3.0 3.3 3.6 3.9	自由采食
22 23 24 25 26 27	200～250	1.1～1.3		4.2 4.5 4.8 5.1 5.4 5.7	自由采食
28 29 30 31 32 33 34	250～310	1～1.3		6.0 6.3 6.6 6.9 7.2 7.5 7.8	自由采食

表 4-6　犊牛育肥期配合料配方　%

玉米	大麦	膨化大豆	豆粕	饲用酵母	磷酸氢钙	食盐
60	13	10	12	3	1.5	0.5

注：另加复合添加剂(微量元素、维生素、抗生素等)。

饲养管理技术的关键：①初生犊牛一定要保证出生后0.5～1小时内充分地吃到初乳，初乳期4～7天，这样可以降低犊牛死亡率。给4周龄以内犊牛喂奶，要严格做到定时、定量、定温。保证奶及奶具卫生，以预防消化不良和腹泻病的发生。夏季奶温控制在37～38℃，冬季控制在39～42℃。天气晴朗时，让犊牛于室外晒太阳，但运动量不宜过大。②一般5周龄以后，拴系饲养，减少运动，但每天应晒太阳3～4小时。夏季要注意防暑。冬季室温应保持在0℃以上。最适温度为18～20℃，相对湿度80%以下。③犊牛育肥全期内每天饲喂2次，上午6:00，下午6:00。自由饮水，夏季可饮凉水，冬季饮20℃左右的温水。犊牛若出现消化不良，酌情减喂精料，并给予药物治疗。

第三节　直线育肥技术

直线育肥也称持续育肥，是指犊牛断奶后，立即转入育肥阶段进行育肥，直到出栏。持续育肥由于在饲料利用率较高的生长阶段保持较高的增重，缩短了生产周期，较好地提高了出栏率，故总效率高，生产的牛肉肉质鲜嫩，改善了肉质，满足市场高档牛肉的需求。是值得推广的一种方法。

一、舍饲持续育肥技术

持续育肥应选择肉用良种牛或其改良牛，在犊牛阶段采取较合理的饲养，使其平均日增重达到0.8～0.9千克，180日龄体重达到200千克进入育肥期，按日增重大于1.2千克配制日粮，到12月龄时体重达到450千克。可充分利用随母哺乳或人工哺乳：0～30日龄，每日每头全乳喂量6～7千克；31～60日龄，8千克；61～90日龄，7千克；91～120日龄，4千克。在0～90日龄，犊牛自由采食配合料（玉米63%、豆饼24%、麸皮10%、磷酸氢钙1.5%、食盐1%、小苏打0.5%）。此外，每千克精料中加维生素A 0.5万～1万国际单位。91～180日龄，每日每头喂配合料1.2～2.0千克。181日龄进入育肥期，按体重的1.5%喂配合料，粗饲料自由采食。另有以下舍饲育肥技术。

（一）7月龄体重150千克开始育肥至18月龄出栏，体重达到500千克以上，平均日增重1千克

1. 育肥期日粮

粗饲料为青贮玉米秸、谷草；精料为玉米、麦麸、豆粕、棉粕、石粉、食盐、碳酸氢钠、微量元素和维生素预混剂（表4-7）。

表4-7　青贮＋谷草类型日粮配方及喂量

月龄	精料配方/%							采食量/[千克/(头·天)]		
	玉米	麸皮	豆粕	棉粕	石粉	食盐	碳酸氢钠	精料	青贮玉米秸	谷草
7～8	32.5	24	7	33	1.5	1	1	2.2	6	1.5
9～10								2.8	8	1.5
11～12	52	14	5	26	1	1	1	3.3	10	1.8
13～14								3.6	12	2
15～16	67	4		26	0.5	1	1	4.1	14	2
17～18								5.5	14	2

7～10 月龄育肥阶段，其中 7～8 月龄目标日增重 0.8 千克；9～10 月龄目标日增 1 千克。11～14 月龄育肥阶段，目标日增重 1 千克。15～18 月龄育肥阶段，其中 15～16 月龄目标日增重 1.0 千克；17～18 月龄目标日增重 1.2 千克。

2. 管理技术

(1)育肥舍消毒　育肥牛转入育肥舍前，对育肥舍地面、墙壁用 2%火碱溶液喷洒，器具用 1%的新洁尔灭溶液或 0.1%的高锰酸钾溶液消毒。饲养用具也要经常洗刷消毒。

(2)育肥舍温度　育肥舍可采用规范化育肥舍或塑膜暖棚舍，舍温以保持在 6～25℃为宜，确保冬暖夏凉。当气温高于 30℃时，应采取防暑降温措施。

①防止太阳辐射。该措施主要集中于牛舍的屋顶隔热和遮阴，包括加厚隔热层，选用保温隔热材料，瓦面刷白反射辐射和淋水等。虽然有一定作用，但在环境温度较高情况下，则作用有限。

②增加散热。舍内管理措施包括吹风、牛体淋水、饮冰水、喷雾、洒水以及蒸发垫降温。牛舍内安装电扇，加强通风能加快空气对流和蒸发散热。在饲槽上方安装淋浴系统，采用距牛背 1 米高处喷雾形式，提高蒸发和传导散热。据报道，电扇和喷雾结合使用较任何一种单独使用效果好。

当气温低于 4℃以下时冬季扣上双层塑膜，要注意通风换气，及时排除氨气、一氧化碳等有害气体。

(3)牛体排列　按牛体由大到小的顺序拴系、定槽、定位，缰绳以 40～60 厘米为宜。

(4)驱虫　犊牛断奶后驱虫一次，10～12 月龄再驱虫一次。驱虫药可用虫克星或左旋咪唑或阿维菌素。

(5)防疫　日常每日刷拭牛体1～2次，以促进血液循环，增进食欲，保持牛体卫生，育肥牛要按时搞好疫病防治，经常观察牛采食、饮水和反刍情况，发现病情及时治疗。

(二)强度育肥，周岁左右出栏日粮配方

选择良种牛或其改良牛，在犊牛阶段采取较合理的饲养，使日增重达0.8～0.9千克，180日龄体重超过200千克后，按日增重大于1.2千克配制日粮，12月龄体重达450千克左右，上等膘时出栏(表4-8)。

(三)按体重阶段育肥喂量

育肥始重250千克，育肥天数250天，体重500千克左右出栏；平均日增重1.0千克。日粮分5个体重阶段，50天更换一次日粮配方与饲喂量。粗饲料采用青贮玉米秸，自由采食。各期精料喂量和配方见表4-9。

育肥牛采用拴系饲养，每天舍外拴系，上槽饲喂及晚间入舍，日喂2次，上午6:00，下午6:00，每次喂后及中午饮水。

二、放牧舍饲持续育肥技术

夏季水草茂盛，也是放牧的最好季节，充分利用野生青草的营养价值高、适口性好和消化率高的优点，采用放牧育肥方式。当温度超过30℃，注意防暑降温，可采取夜间放牧的方式，提高采食量，增加经济效益。春、秋季应白天放牧，夜间补饲一定量青贮、氨化、微贮秸秆等粗饲料饲料和少量精料。冬季要补充一定的精料，适当增加能量饲料，提高肉牛的防寒能力，降低能量在基础代谢上的比例。

表 4-8 强度育肥周岁左右出栏日粮

项目	日龄							
	0～30	31～60	61～90	91～120	121～180	181～240	241～300	301～360
始重/千克	30～50	62～66	88～91	110～114	136～139	209～221	287～299	365～377
日增重/千克	0.8	0.7～0.8	0.7～0.8	0.8～0.9	0.8～0.9	1.2～1.4	1.2～1.4	1.2～1.4
全乳喂量/千克	6～7	8	7	4	0	0	0	0
精料补充料喂量/千克	自由	自由	自由	1.2～1.3	1.8～2.5	3～3.5	4～5	5.6～6.5
精料补充料配方/%	10 周龄前用			10 周龄后～180 日龄				
玉米	60			60			67	
高粱	10	10		10				
饼(粕)类*	15	24		30				
饲用酵母	3	0		0				
植物油脂	10	3		0				
磷酸氢钙	1.5	1.5		1				
食盐	0.5			1			1	
小苏打	0			0.5			1	
土霉素(毫克/千克)(另加)	22			0			0	
维生素 A(万国际单位/千克)(另加)	干草期加 1～2			干草期加 0.5～1			干草期加 0.5	

表 4-9 精料喂量和组成

期别/千克	精料喂量/千克	精料配比/%					
		玉米	麦麸	棉粕	石粉	食盐	碳酸氢钠
250～300	3.0	43.7	28.5	24.7	1.1	1.0	1.0
300～350	3.7	55.5	22.0	19.5	1.0	1.0	1.0
350～400	4.2	64.5	17.4	15.5	0.6	1.0	1.0
400～450	4.7	71.2	14.0	12.3	0.5	1.0	1.0
450～500	5.3	75.2	12.0	10.5	0.3	1.0	1.0

(1)放牧加补饲持续肥育技术　在牧草条件较好的牧区，犊牛断奶后，以放牧为主，根据草场情况，适当补充精料或干草，使其在18日龄体重达400千克。要实现这一目标，犊牛在哺乳阶段，平均日增重应达到0.9～1千克，冬季日增重保持0.4～0.6千克，第二个夏季日增重在0.9千克。在枯草季节，对育肥牛每天每头补喂精料1～2千克。放牧时应做到合理分群，每群50头左右，分群轮牧。我国1头体重120～150千克牛需1.5～2公顷草场，放牧肥育时间一般在5～11月，放牧时要注意牛的休息、饮水和补盐。夏季防暑，狠抓秋膘。

(2)放牧—舍饲—放牧持续肥育技术　此法适应于9～11月出生的秋犊。犊牛出生后随母牛哺乳或人工哺乳，哺乳期日增重0.6千克，断奶时体重达到70千克。断奶后以喂粗饲料为主，进行冬季舍饲，自由采食青贮料或干草，日喂精料不超过2千克，平均日增重0.9千克。到6月龄体重达到180千克。然后在优良牧草地放牧(此时正值4～10月)，要求平均日增重保持0.8千克。到12月龄可达到325千克。转入舍饲，自由采食青贮料或青干草，日喂精料2～5千克，平均日增重0.9千克，到18月龄，体重达490千克。

第四节　架子牛育肥技术

一、架子牛选择

(一)架子牛品种选择

架子牛品种选择总的原则是基于我国目前的市场条件，以生产产品的类型、可利用饲料资源状况和饲养技术水平为出发点。

架子牛应选择生产性能高的肉用型品种牛，不同的品种，增重速度不一样，供作育肥的牛以专门肉牛品种最好。由于目前我国还没有专门化肉牛品种，因此，目前架子牛育肥应选择肉用杂交改良牛，即用国外优良肉牛作父本与我国黄牛杂交繁殖的后代。生产性能较好的杂交组合有：利木赞牛与本地牛杂交后代，夏洛来牛与本地牛杂交后代，皮埃蒙特牛与本地牛杂交后代，西门塔尔牛与本地牛杂交改良后代，安格斯牛与本地牛杂交改良后代等。其特点是体型大，增重快，成熟早，肉质好。在相同的饲养管理条件下，杂种牛的增重、饲料转化效率和产肉性能都要优于我国地方黄牛。

1. 大型架子牛

以引进品种为父本与本地母牛杂交所生后代，多数为一代，是大型架子牛。其中特大型架子牛有西门塔尔杂种、夏洛莱杂种、利木赞杂种等；大型架子牛有海福特杂种、安格斯杂种、短角牛杂种、皮埃蒙特杂种、丹麦红杂种、瑞士褐杂种、小荷兰杂种。此外，中国荷斯坦青年公牛也为特大型架子牛。

引进品种与本地牛杂交一代的外貌特征较易辨别，现介绍如下：

(1)西门塔尔杂一代　体格高大,肌肉丰满,骨粗,红白花或黄白花,头面部为红白花或黄色花,有角。体躯深宽高大,结构匀称,体质结实,肌肉发达;乳房发育良好,体型向乳肉兼用型方面发展。

(2)夏洛莱杂一代　毛色为灰白色,毛色为草白或灰白,有的呈黄色(或奶油白色),有角。体格高大,肌肉丰满,背腰宽平,臀、股、胸肌发达,四肢粗壮,体质结实,呈肉用型。

(3)海福特杂一代　体格较高大,肉肥满,红白花,红色为主,面部为全白,体下部、尾梢有时为白色,角大。

(4)安格斯杂一代　体格不太高大,肉肥满,毛色黑色者居多,无角者居多。

(5)利木赞杂一代　毛色多为红色,有时腹下、四肢内侧带点白色,有角。体格较高大,肌肉肥满,体躯较长,背腰平直,后躯发育良好,肌肉发达,四肢稍短,呈肉用型。

(6)短角牛杂一代　体躯宽阔多肉,较高,乳房发育好,毛色以红色或红白色最多,黑色及杂色较少,角短。

(7)丹麦红杂一代　体格大,毛色为全红色,乳房较大。

(8)荷斯坦杂一代　体格高大,肌肉欠丰满,乳房大,毛色为黑色,有时腹下、四蹄上部、尾梢为白色,角尖多为浅色或黑色,纯种为黑色。

(9)瑞士褐杂一代　体躯较高而粗,乳房好,毛色多为褐色,角上下一般粗,舌有时为暗色。

2.中型架子牛

属于中型牛的有华北山区牛、华东、华中、华西牛种。

3.小型架子牛

属于小型架子牛品种的有长江以南山地牛和亚热带的小型牛。架子小的牛可引进辛地红、圣他格楚狄斯、抗旱王给予改良,以提高其体重和框架。实际上,架子小的牛也不是缺点,它在亚热带抗焦虫病、抗蜱能力强,由于体躯小,散热面积相对大,因而耐热，且又耐粗饲。架子小的牛可以提高肌肉厚度和丰满度来改进胴体品质。

如以生产高档牛肉为目的除选择国外优良肉牛品种如和牛、安格斯与我国黄牛的一、二代杂交种，或三元、四元杂交种外，也应选择我国的优良黄牛品种如秦川牛、鲁西牛、南阳牛、晋南牛等，而不用回交牛和非优良的地方品种。国内优良品种的特点是体型较大，肉质好，但增重速度慢，育肥期较长。用于生产高档优质牛肉的牛一般要求是阉牛。因为阉牛的胴体等级高于公牛，而阉牛又比母牛的生长速度快。

(二)架子牛年龄的选择

根据肉牛的生长规律，目前牛的育肥大多选择在牛 2 岁以内，最迟也不超过 36 月龄，即能适合不同的饲养管理，易于生产出高档和优质牛肉，在市场出售时较老年牛有利。从经济角度出发，购买犊牛的费用较 1～2 岁牛低，但犊牛育肥期较长，对饲料质量要求较高。饲养犊牛的设备也较大牛条件高，投资大。综合计算，购买犊牛不如购 1～2 岁牛经济效益高。

到底购买哪种年龄的育肥牛主要应根据生产条件、投资能力和产品销售渠道考虑。

以短期育肥为目的，计划饲养 3～6 个月，而应选择 1.5～3 岁育成架子牛和成年牛，不宜选购犊牛、生长牛。对于架子牛年龄和体重的选择，应根据生产计划和架子牛来源而定。目前，在我国广大农牧区较粗放的饲养管理条件下，1.5～2 岁肉用杂种牛体重多在 250～300 千克，2～3 岁牛多在 300～400 千克，3～5 岁牛多在 350～400 千克。如果 3 个月短期快速育肥最好选体重 350～400 千克架子牛。而采用 6 个月育肥期，则以选购年龄 1.5～2.5 岁、体重 300 千克左右架子牛为佳。需要注意的是，能满足高档牛肉生产条件的是 12～24 月龄架子牛，一般牛年龄超过 3 岁，就不能生产出高档牛肉，优质牛肉块的比例也会降低。

在秋天收购架子牛育肥，第 2 年出栏，应选购 1 岁左右牛，而不宜购大牛，因为大牛冬季用于维持饲料多，不经济。

（三）架子牛性别的选择

性别影响牛的育肥速度，在同样的饲养条件下，以公牛生长最快，阉牛次之，母牛最慢，在肥育条件下，公牛比阉牛的增重速度高 10%，阉牛比母牛的增重速度高 10%。这是因为公牛体内性激素——睾酮含量高的缘故。因此如果在 24 月龄以内肥育出栏的公牛，以不去势为好。牛的性别影响肉的质量。一般地说，母牛肌纤维细，结缔组织较少，肉味亦好，容易育肥；公牛比阉牛、母牛具有较多的瘦肉，肉色鲜艳，风味醇厚，较高的屠宰率和较大的眼肌面积，经济效益高；而阉牛胴体则有较多的脂肪。

（四）架子牛体型外貌选择

体型外貌是体躯结构的外部表现，在一定程度上反映牛的生产性能。选择的育肥牛要符合肉用牛的一般体型外貌特征。外貌的一般要求：

从整体上看，体躯深长，体型大，脊背宽，背部宽平，胸部、臀部成一条线；顺肋、生长发育好、健康无病。不论侧望、上望、前望和后望，体躯应呈“长矩形”，体躯低垂，皮薄骨细，紧凑而匀称，皮肤松软、有弹性，被毛密而有光亮。

从局部来看，头部重而方形；嘴巴宽大，前额部宽大；颈短，鼻镜宽，眼明亮。前躯要求头较宽而颈粗短。十字部的高度要超过肩顶，胸宽而丰满，突出于两前肢之间，肋骨弯曲度大而肋间隙较窄；鬐甲宜宽厚，与背腰在一直线上。背腰平直、宽广，臀部丰满且深，肌肉发达，较平坦；四肢端正，粗壮，两腿宽而深厚，坐骨端距离宽。牛蹄子大而结实，管围较粗；尾巴根粗壮。皮肤宽松而有弹性；身体各部位发育良好，匀称，符合品种要求；身体各部位齐全，无伤疤。

应避免选择有如下缺点的肉用牛：头粗而平，颈细长，胸窄，前胸松弛，背线凹，斜尻，后腿不丰满，中腹下垂，后腹上收，四肢弯曲无力，“O”形腿和“X”形腿，站立不正。

（五）根据肥育目标与市场进行选择

架子牛的选择应主要考虑市场供求，即考虑架子牛价与肥育牛（或牛肉）价之间差价，精饲料的价格、粗饲料的价格，乃至牛和饲料供求问题，以及供求的季节性、地区性、市场展望、发展趋势等。

如果肥育是为了出口，是要生产高档牛肉，就应选择年幼的引进品种杂交种，如利木赞杂种、西门塔尔杂种等。还应选择年龄、架子大小、肌肉厚度、体重、毛色比较一致，也较理想的架子牛，且健壮并需检疫，来源最好也相同，原来饲养管理好，以便为肥育打好基础。

从本地的中小型架子牛进行选择，选择的目标是为国内市场提供肉牛。所以选择的机会多，到处都有架子牛。牛价便宜，随时随地在市场上收购，可以不搞易地肥育，运输距离近、成本（含人员差旅费）低，牛很快就能恢复正常，进入肥育期，利用其年幼生长快、饲料报酬高的特点，强化其饲养管理，以期在比较短时期内完成肥育，降低饲养成本，获得较高肉质与净肉量，增加经济效益。但本地牛生长较慢。

二、架子牛采购与运输

架子牛运输环节是影响育肥牛生长发育十分重要的因素，因为在架子牛的运输过程中造成的外伤易医治，而造成的内伤不易被发觉，常常贻误治疗，造成直接经济损失。

近几年，全国各地均出现了“肉牛运输应激综合征”，俗称“烂肺病”，主要因长途贩运所致的多种应激原导致机体抵抗力下降，致使各种病原乘虚而入，引起呼吸道、消化道乃至全身病理性反应的综合症候群。国家肉牛产业技术体系仅对河南省 7 个规模较大的养殖场 14 批次 1 275头牛的调运发病情况跟踪记录、整理。调运牛只的平均发病率为 73.2%，死淘率为 14.2%。因此，要重视架子牛的运输工作。架子牛的运输有汽车运输和火车运输。按照我国有关部门对活畜运输的规定有所不同，因此架子牛、育肥牛收购程序也有所不同。

(一)采购地调研

购牛前，应调查拟购地区的疫病发生情况，禁止从疫区购牛。牛常见传染病有口蹄疫、结核病、布病牛病毒性腹泻/黏膜病，牛传染性鼻气管炎等。注意产地的气温、饲草料质量、气候等环境条件，以便相应调整运输与运达后的饲养管理措施。

(二)选牛

应选来源清晰的健康牛。营养与精神状态良好，无精神萎靡、被毛杂乱、毛色发黄、步态蹒跚、喜欢独蹲墙角或卧地不起、发热、咳嗽、腹泻等临床发病症状。应查验免疫记录，确保拟购牛处于口蹄疫等疫苗的免疫保护期内。应按国家规定对拟购牛申请检疫，检疫应符合 GB 16549 畜禽产地检疫规范和 GB 16567 种畜禽调运检疫技术规范。并应有当地兽医部门出具的防疫证明，有条件者可暂养观察 3～5 天，不得调运病牛。

(三)运输前准备

(1)人员、车辆及路线　人员由有经验的收购人员、兽医及押运员组成。运输车辆用1%烧碱消毒,并准备好饲草、饮水工具、铁锹等。根据调运地点及道路状况,确定运输路线。

(2)喂食　运前3～4小时停喂具有轻泻性的青贮饲料、麸皮、鲜草和易发酵饲料如饼类和豆科草类。少喂精料,半饱,不过量饮水。运前2小时可每头牛补口服盐溶液(氯化钠3.5克、氯化钾1.5克、碳酸氢钠2.5克、葡萄糖20克,加凉开水至1 000毫升)2～3升。为了缓解运输应激,短途运输时,运输前2～3天每头每日口服或注射维生素A 25万～100万国际单位,装车前半小时肌肉注射2.5%氯丙嗪(1.7毫升/100千克活重),或每千克日粮中添加200毫克氯丙嗪;长途运输时,每千克日粮中添加溴化钠3.5克或在运输前4～5天在每千克日粮中添加利血平5～10毫克。运牛到达目的地后,切勿暴饮暴食,先给干草等粗料,2小时后再饮水。

(3)合理分群编号　对购买的架子牛按品种、年龄、体重、性别等进行分群编号,以便于管理。

(四)运输管理

运输及装卸时,忌对牛粗暴或鞭打。

1. 在场地或短距离驱赶

(1)驱赶方法　按牛群驱赶,尽量不单独驱赶牛只。

(2)人工赶运　赶运速度以3.5～4千米/小时,日行30千米左右为宜,途中要有充足的饮水,喂草至7～8成饱,晚间要休息好。架子牛的赶运是一件十分辛苦的事,为使赶运成功,少受损失,赶运人员必须注意以下各点:①合群工作。来自各家各户的架子牛在赶运前要让它们互相认识,减少赶运途中格斗现象。合群的方法是在一个结实的院墙内,让牛在一起活动几个小时。②确定赶运路线。赶运途中尽量少走村庄街道。③联络员的确定。在牛只赶运前,必须指定联络员,先于一天到达计划赶运休息的地方联系宿营地,在宿营地需要为牛准备牛圈、干草、饮水、守夜工以及为赶运人员准备食宿、马匹的饲喂等工作。④赶运速度。赶运之初速度要快一些,并有辅助人员协助送一阵,这样做,牛群不会四处乱跑,行走 5～6 千米后,牛只已经走离它所熟悉的地区,并已有些累,牛只就不会零星偷跑,赶运工作就顺利。每日赶运以 25～30 千米为宜。⑤防止跨越深沟。牛只害怕深沟,一旦掉进去,死多活少,因此要避免跨越深沟。⑥防止"爬蛋"。尤其对较肥胖的架子牛,在赶运途中一定要倍加小心,发生"爬蛋"时,只能雇车装运。

(3)驱赶时间　夏季应避开中午炎热时间,多在早晚进行。

2. 火车运输管理

行车过程中应防止车厢间的猛烈碰撞和急刹车。

(1)准备工作　饲草饲料的准备:粗饲料以干草、秸秆为主,混合精料以玉米、麸皮为主,每头每日准备 5～6 千克饲料。饮水的准备:在车厢内准备塑料桶等,行车前把塑料桶盛满水,并备有手提小水桶。木棍或绳子的准备:每个车厢分为三个隔段,中间为堆放饲料、盛水器、押运员休息处;两边为牛只站卧处;需用木棍或绳子将车厢分隔为三间,准备铁锤和铁钉、铁丝。押运员的准备:押运员在押运途中的饮食、饮水,押运员证件,牛只税收,兽医卫生证件等应随身携带。车厢准备:装牛前应仔细检查车厢内壁上有无尖锐铁钉、铁丝一类的物品,车辆地板是否完好,地板上有没有尖硬物品、块状物;车厢内有无异味,尤其是装载过有毒有害物品;检查后无问题时,清扫干净后铺干草,铺垫干草既可以诱导牛只进车厢,还能防止牛只滑倒。打开车厢的小窗,不管冬、夏季都应把车厢的小窗全部打开通风。

(2)装牛　不可太拥挤,载运量一般 60 吨车厢装架子牛 20 头左右,装犊牛 40～50 头;或大体每头成年牛按体重占 1.1～1.4 米^2,每头牛占有车厢面积见表 4-10。并留出押运人员休息的地方。装车时间要求避开火车往返高峰,防止鸣叫声惊动牛。装车过程切忌鞭打;大小强弱分开装车。

用诱导法装车:在通往车厢的路上,和车厢内都铺以牛爱吃的干草,这样牛只一面吃草,一面就进了车厢;利用引导栏装车:引导栏一端是一个面积达 15～20 米^2 的围栏,用高 1.5 米,宽 1 米的引导通道和车厢门连接,这样装牛简便省力;装车完毕,及时关闭车门。

表 4-10　每头牛占车厢面积

架子牛体重/千克	占有车厢面积/米^2
180	0.70～0.75
230	0.85～0.90
270	1.00～1.10
320	1.10～1.20
360	1.20～1.30

(3)运押员上车前及在押运途中注意事项　用火车运输时,每个车厢要由专人押运,途中喂草饮水。接受车站货运处工作人员对押运注意事项的指导;并了解有关规定和注意事项。在押运中,行车时严禁吸烟,严禁使用明火。在行车途中严禁手、头伸出车厢门外,以防挤压致残。押运途中精心看护好牛。经常与守车员联系,本车在何时何地停靠以及停靠时间。以便喂牛饮水,以及解决自身饮食。防止丢车,一旦发生,要及时和当地车站联系,想方设法追赶牛车。押运到目的地,立即和接收牛的单位联系,尽快把牛卸下。如发生牛死亡,应和前一个停靠站联系,要妥善处理。

3.汽车运输管理

(1)防护注意事项　护栏高度应不低于 1.4 米,车厢内不可有钉子、铁器或尖锐物,装车前给车上铺一层沙土防滑或均匀铺垫熏蒸消毒过、厚度 20～30 厘米以上的干草或草垫防滑,不能钉上铁皮,以防牛滑倒。应有防晒、防风、挡雨设施。

(2)装车时应注意事项　①车架绑捆必须非常牢固。②4 米长的车厢分隔成两段;8 米长的车厢分隔成 3 段;10 米长的车厢应分隔成 4 段,分段装置结实牢固。③装车时牛头牛尾间隔装车。④车厢底必须垫草或垫土、垫沙子。⑤装车当初每头牛用一根绳子拴系于车架上,行车 20～30 千米之后,可以放开绳子(将绳子卸下或盘系在牛角上)。⑥装车不宜饱喂足饮,防止运输途中排泄太多,污染公路。利用装运牛专用设备时,有配套的装运牛通道与车后踏板紧相连,使牛顺着踏板进入车厢;装车时切忌鞭打牛;装运牛完毕,紧锁车后门。利用国产车装运牛时,制备装运台,牛装运台宽度 2.4 米,装运台高 1.5 米,并和活动的装运牛通道相连,通道宽 0.8～0.9 米,上宽下狭;装运牛时切忌粗暴、鞭打;装运牛完毕,关好车后门,紧锁。

(3)牛位　每头成年牛按体重占 1.1～1.4 米^2,不可太拥挤(表 4-11)。牛横立在车内,头尾插花开。为安全,小车上可一组牛头朝车头,加一组牛尾朝车头。

表 4-11　车厢面积、装运架子牛数量参考表

牛体重/千克	车厢面积/米^2	装车数/头	牛体重/千克	车厢面积/米^2	装牛数/头
300	25	30	300	30	37
350	25	25	350	30	30
400	25	20	400	30	25
450	25	17	450	30	20

(4)温度及饲料　架子牛的调运以气温适宜的春季最佳，冬季调运要做好防寒工作，夏季气温高不宜调运，如果温度高，调运时以夜间行车、白天休息为妥；或早晨、傍晚运输，切忌中午高温时运输。押车员运输中每隔 2～3 小时应检查一次牛群状况，将躺下的牛及时扶起以防止被踩伤。在远途运输过程中，应保证牛只每天饮水 3～4 次，每头牛每天采食 5 千克左右优质干草。

(5)车速　行车时速要慢，车速不超过 40 千米/时，均速，转弯和停车均要先减速，不可急刹车。汽车在起步，停车时以及转弯时放慢速度。中速行驶，遇大雨、大雪天气，停运。

(6)安全及防疫　在途中常见病有牛只滑倒扭伤、牛前胃迟缓、流产等。宜采取简单易操作的肌肉注射方式，以抗炎、解热、镇痛的治疗方针，对症用药控制病情发展。

4. 掉重

牛在运输过程中，由于生活环境及规律的变化导致生理活动的改变，使其处于应激状态。为了减少运输过程中的损失，必须努力降低运输应激反应的程度。

(1)汽车和火车运输架子牛掉重的比较　①汽车和火车运输的优缺点。汽车运输灵活，易调动，速度快；风险性大，运输量小；运输成本高。火车运输量大，运输成本低，安全性好；车皮不易安排(车皮紧张)，申请车皮的手续繁杂，运输时间长，运输掉重多。②运输期间体重损失。牛只在装到运输工具上时的体重和运输结束离开运输工具时的体重之差，称为运输掉重。运输掉重包括牛的排泄物(粪、尿)和体组织损失两部分。据研究证实，这两部分损失约各占一半。这种运输途中体重的损失包括：粪尿、呼吸水分；代谢活动牛体组织的损失；运输时间长，途中得不到营养补充；肌肉组织及脂肪等的损失；粪尿等胃肠内容物的损失。一旦饲料补充，饮水充足，便能很快恢复至运输前的体重。如属于肌肉、脂肪的损失，恢复就较慢，所需时间长。运输后体重的恢复所需的平均时间，犊牛为13天，1岁牛为16天。

(2)影响运输掉重的因素　影响运输掉重的因素很多，例如，运输前饲喂过饱，饮水过多；运输时间过长；在距离相同时，用汽车运输时，运输掉重小于铁路运输。在温度适宜时(7～16℃)，运输掉重少，在炎热条件下运输较在寒冷条件下运输时掉重多。装运超载或装运不足；汽车运输时驾驶员技术不良或道路路面欠佳；大小强弱混载也会造成较高的运输掉重。火车运输时急刹车多或编组时碰撞过多，运输前未采取预防措施等，均可增加运输掉重。

5.卸载

运输车辆到达目的地后，打开车门，搭一木板或就斜坡让牛自行慢慢走下车，同时逐个核对牛只数量。牛进圈后休息1.5～2小时，然后给少量饮水或补口服盐溶液2～3升，给少量优质干草。切勿暴饮暴食。

6.隔离与过渡饲养

(1)隔离　新购入架子牛进场后应在隔离区，隔离饲养15天以上。防止随牛引入疫病。

(2)饮水　由于运输途中饮水困难，架子牛往往会发生严重缺水，因此架子牛进入围栏后要掌握好饮水。第一次饮水量以10～15千克为宜，可加人工盐(每头100克)；第二次饮水在第一次饮水后的3～4小时，饮水时，水中可加些麸皮。

(3)粗饲料饲喂方法　首先饲喂优质青干草、秸秆、青贮饲料，第一次喂量应限制，每头4～5千克；第二、三天以后可以逐渐增加喂量，每头每天8～10千克；第五、六天以后可以自由采食。

(4)饲喂精饲料方法　架子牛进场以后4～5天可以饲喂混合精饲料，混合精饲料的量由少到多，逐渐添加，15天内一般不超过1.5千克。

(5)分群饲养　按大小强弱分群饲养，每群牛数量以10～15头较好；傍晚时分群容易成功；分群的当天应有专人值班观察，发现格斗，应及时处理。牛围栏要干燥，分群前围栏内铺垫草。每头牛占围栏面积 4～5 米^2。

（6）驱虫　体外寄生虫可使牛采食量减少，抑制增重，育肥期增长。体内寄生虫会吸收肠道食糜中的营养物质，影响育肥牛的生长和育肥效果。一般可选用阿维菌素，一次用药同时驱杀体内外多种寄生虫。驱虫可从牛入场的第 5～6 天进行，驱虫 3 天后，每头牛口服"健胃散"350～400 克健胃。驱虫可每隔 2～3 个月进行一次。如购牛是秋天，还应注射倍硫磷，以防治牛皮蝇。

（7）其他　根据当地疫病流行情况，进行疫苗注射。阉割（去势）；勤观察架子牛的采食、反刍、粪尿、精神状态。有疫病征兆时应及时报告和处理。出现《中华人民共和国动物防疫法》规定的重大疫情时，应立即报告当地兽医防疫部门，按规定执行封锁、消毒与疫病扑灭措施。

三、架子牛育肥技术

（一）育肥期的饲养管理原则

1. 减少活动

对于育肥牛应减少活动，对于放牧育肥牛尽量减少运动量，对于舍饲育肥牛，每次喂完后应每头单拴系木桩或休息栏内，缰绳的长度以牛能卧下为宜，这样可以减少营养物质的消耗，提高育肥效果（图 4-3）。

2. 坚持"五定""五看""五净"的原则

（1）"五定"　定时：每天上午 7～9 点，下午 5～7 点各喂 1 次，间隔 8 小时，不能忽早忽晚。上、中、下午定时饮水 3 次。定量：每天的喂量，特别是精料量按每 100 千克体重喂精料 1～1.5 千克，不能随意增减。定人：每个牛的饲喂等日常管理要固定专人，以便

图 4-3 拴系育肥

及时了解每头牛的采食情况和健康,并可避免产生应激。定时刷拭:每天上、下午定时给牛体刷拭一次,以促进血液循环,增进食欲。定期称重:为了及时了解育肥效果,定期称重很必要。牛进场时应先称重,按体重大小分群,便于饲养管理。在育肥期也要定期称重。由于牛采食量大,为了避免称量误差,应在早晨空腹称重,最好连续称二天取平均数。

(2)"五看" 指看采食、看饮水、看粪尿、看反刍、看精神状态是否正常。

(3)"五净" 草料净:饲草、饲料不含沙石、泥土、铁钉、铁丝、塑料布等异物,不发霉不变质,没有有毒有害物质污染。饲槽净:牛下槽后及时清扫饲槽,防止草料残渣在槽内发霉变质。饮水净:注意饮水卫生,避免有毒有害物质污染饮水。牛体净:经常刷拭牛体,保持体表卫生,防止体外寄生虫的发生。圈舍净:圈舍要勤打扫、勤除粪,牛床要干燥,保持舍内空气清洁、冬暖夏凉。

3.牛舍及设备常检修

缰绳、围栏等易损品,要经常检修、更换。牛舍在建筑上不一定要求造价很高,但应防雨、防雪、防晒、冬暖夏凉。

阶段饲养法。根据肉牛生产发育特点及营养需要,架子牛从易地到育肥场后，把120～150天的育肥饲养期分为过渡期和催肥期两个阶段。

过渡期（观察、适应期）：10～20天，因运输、草料、气候、环境的变化引起牛体一系列生理反应，通过科学调理，使其适应新的饲养管理环境。前1～2天不喂草料只饮水，适量加盐以调理胃肠，增进食欲；以后第1周只喂粗饲料，不喂精饲料。第2周开始逐渐加料，每天只喂1～2千克玉米粉或麸皮，不喂饼（粕），过渡期结束后，由粗料转为精料型。

催肥期：采用高精料日粮进行强度育肥催肥期1～20天日粮中精料比例要达到45%～55%，粗蛋白质水平保持在12%；21～50天日粮中精料比例提高到65%～70%，粗蛋白质水平为11%；51～90天日粮中饲料浓度进一步提高，精饲料比例达到80%～85%，蛋白质含量为10%。此外，在肉牛饲料中应加肉牛添加剂，占日粮的1%。粗饲料应进行处理，麦秸氨化处理，玉米秸青贮或微贮之后饲喂。

4.不同季节应采用不同的饲养方法

夏季饲养：气候过高，肉牛食欲下降，增重缓慢。在环境温度8～20℃，牛的增重速度较快。因此夏季育肥时应注意适当提高日粮的营养浓度，延长饲喂时间。气温30℃以上时，应采取防暑降温措施。

冬季饲养：在冬季应给牛加喂能量饲料，提高肉牛防寒能力。不饲喂带冰的饲料和饮用冰冷的水。气温5℃以下时，应采取防寒保温措施。

5.育肥牛的科学管理

牛舍在进牛前用20%生石灰或来苏儿消毒，门口设消毒池，以防病菌带入。牛体消毒用0.3%的过氧乙酸消毒液逐头进行一次喷体。不喂霉败变质饲料。出栏前不宜更换饲料，以免影响增重。日粮中加喂尿素时，一定要与精料拌匀，且不宜喂后立即饮水，一般要间隔1小时再饮水。用酒糟喂牛时，不可温度太低，且要运回后立即饲喂，不宜搁置太久。用氨化秸秆喂牛时要先放氨，以免影响牛的食欲和消化。其余见育肥肉牛的一般饲养管理原则。

(二)架子牛舍饲育肥不同类型日粮配方

1. 氨化稻草类型日粮配方

饲喂效果，12～18月龄体重300千克以上架子牛舍饲育肥105天，日增重1.3千克以上(表4-12)。

表4-12　不同阶段各饲料日喂量　千克/(头·天)

阶段(天数)	玉米面	豆饼	磷酸氢钙	矿物微量元素	食盐	碳酸氢钠	氨化稻草
前期(30天)	2.5	0.25	0.060	0.030	0.050	0.050	20
中期(30天)	4.0	1.0	0.070	0.030	0.050	0.050	17
后期(45天)	5.0	1.5	0.070	0.035	0.050	0.080	15

2. 酒精糟＋青贮玉米秸类型日粮配方

饲喂效果，日增重1千克以上。精料配方(%)：玉米93，棉粕2.8，尿素1.2，石粉1.2，食盐1.8，添加剂(育肥灵)另加。不同体重阶段，精粗料用量见表4-13。

表4-13　不同体重阶段精粗料用量　千克

饲料	体重			
	250～350	350～450	450～550	550～650
精料	2～3	3～4	4～5	5～6
酒精糟(鲜)	10～12	12～14	14～16	16～18
青贮(鲜)	10～12	12～14	14～16	16～18

3.试验后推荐的日粮配方

李建国、李英等在国家“九五”承担的“优质高效肉牛生产饲料配方库及日粮营养调控技术体系”课题中，依据反刍动物新蛋白质及能量体系，并通过运用能氮平衡理论，保证日粮能氮的高效利用，共进行了五个日粮类型配方试验，每个日粮类型通过3种营养水平(高、中、低)4个体重阶段(300～350千克、350～400千克、400～450千克、450～500千克)的研究。下面介绍的是经过试验后所推荐的日粮配方。

(1)青贮玉米秸类型日粮典型配方　青贮玉米秸是肉牛的优质粗饲料，合理的日粮配方可以更好地发挥肉牛生产潜力。育肥全程采取表4-14所推荐日粮，可比河北省传统的地方高棉粕日粮(低营养水平)日增重由0.89千克增加到1.40千克，提高57.3%。

表4-14　青贮玉米秸类型日粮配方和营养水平

体重阶段/千克	精料配方/%						采食量/[千克/(头·天)]		每头每天的营养水平			
	玉米	麸皮	棉粕	尿素	食盐	石粉	精料	青贮玉米秸	RND/个	XDCP/克	Ca/克	P/克
300～350	71.8	3.3	21.0	1.4	1.5	1.0	5.2	15	6.7	747.8	39	21
350～400	76.8	4.0	15.6	1.4	1.5	0.7	6.1	15	7.2	713.5	36	22
400～450	77.6	0.7	18.0	1.7	1.2	0.8	5.6	15	7.0	782.6	37	21
450～500	84.5	—	11.6	1.9	1.2	0.8	8.0	15	8.8	776.4	45	25

注：精料中另加0.2%的添加剂预混料。

(2)酒糟类型典型日粮配方　酒糟作为酿酒的副产品，其营养价值因酿酒原料不同而异，酒糟中蛋白质含量高，此外还含有未知生长因子，因此，在许多规模化肉牛场中使用酒糟育肥肉牛。其育肥效果取决于日粮的合理搭制。育肥全程采取表4-15所推荐日粮，日增重比对照组(肉牛场惯用日粮)提高69.71%。

表 4-15 酒糟类型日粮配方和营养水平

体重阶段/千克	精料配方/%						采食量/[千克/(头·天)]			每头每天的营养水平			
	玉米	麸皮	棉粕	尿素	食盐	石粉	精料	酒糟	玉米秸	RND/个	XDCP/克	Ca/克	P/克
300～350	58.9	20.3	17.7	0.4	1.5	1.2	4.1	11.0	1.5	7.4	787.8	46	30
350～400	75.1	11.1	9.7	1.6	1.5	1.0	7.6	11.3	1.7	11.8	1 272.3	57	39
400～450	80.8	7.8	7.0	2.1	1.5	0.8	7.5	12.0	1.8	12.3	1 306.6	52	37
450～500	85.2	5.9	4.5	2.3	1.5	0.6	8.2	13.1	1.8	13.2	1 385.6	51	39

注:精料中另加 0.2%的添加剂预混料。

(3)干玉米秸类型日粮配方　农区有大量的作物秸秆,是廉价的饲料资源。但秸秆的粗蛋白质、矿物质、维生素含量低,特别是其木质化纤维结构造成消化率低、有效能量低,成为影响秸秆营养价值及饲用效果的主要因素。对干玉米秸类型日粮进行合理营养调控,可改善饲料养分利用率。育肥全程采取表 4-16 所推荐的日粮,平均日增重由对照组的 1.03 千克提高到 1.33 千克,相对提高 29.13%,缩短育肥出栏时间 46 天,年利润提高 10.07%。

表 4-16 干玉米秸类型日粮配方和营养水平

体重阶段/千克	精料配方/%						采食量/[千克/(头·天)]			每头每天的营养水平			
	玉米	麸皮	棉粕	尿素	食盐	石粉	精料	干玉米秸	酒糟	RND/个	XDCP/克	Ca/克	P/克
300～350	66.2	2.5	27.9	0.9	1.5	1	4.8	3.6	0.5	6.1	660	38	27
350～400	70.5	1.9	24.1	1.2	1.5	0.8	5.4	4.0	0.3	6.8	691	38	28
400～450	72.7	6.6	16.8	1.43	1.5	1	6.0	4.2	1.1	7.6	722	37	31
450～500	78.3	1.6	16.3	1.77	1.5	0.5	6.7	4.6	0.3	8.4	754	36	32

注:精料中另加 0.2%的添加剂预混料。

(4)“三化”复合处理麦秸＋青贮玉米秸类型日粮配方　麦秸“三化”复合处理发挥了氨化、碱化、盐化的综合作用，质地柔软，气味糊香，明显改善了秸秆的纤维结构，提高了秸秆的营养价值与可消化性，但缺乏青绿饲料富含的维生素等养分，与玉米秸青贮合理搭配，可产生青饲催化及秸秆组合效应，是一种促进秸秆科学利用颇具潜力的日粮类型。育肥全程使用推荐日粮(表 4-17)，可使日增重由对照组的 1.05 千克增加到 1.26 千克，提高 20%，缩短出栏天数 31 天，年利润提高 13.38%。

表 4-17　三化麦秸＋青贮类型日粮配方和营养水平

体重阶段/千克	精料配方/%						采食量/[千克/(头·天)]			每头每天的营养水平			
	玉米	麸皮	棉粕	尿素	食盐	石粉	精料	玉米秸青贮	三化麦秸	RND/个	XDCP/克	Ca/克	P/克
300～350	55.7	22.5	20.0	0.6	1.0	0.2	4.04	11.0	3.0	6.10	660	38	22
350～400	61.4	19.3	17.2	1.1	1.0	—	4.25	13.0	3.5	6.8	691	39	21
400～450	69.6	14.6	13.0	1.8	1.0	—	4.71	15.0	4.0	7.6	722	37	22
450～500	74.4	12.0	10.4	2.2	1.0	—	4.99	17.0	4.5	8.4	754	36	23

注：精料中另加 0.2%的添加剂预混料。

(5)半干青贮添加剂处理干玉米秸类型配方(也适合于玉米秸微贮)　半干青贮添加剂集酶菌复合作用为一体，处理秸秆后，质地柔软，气味芳香，适口性好，消化率提高，制作季节延长。在育肥全程使用表 4-18 所推荐的配方可由传统日粮的日增重 1.06 千克，增加到 1.36 千克，提高 28.44%，出栏天数可缩短 43 天，年经济效益提高 38.39%。

表 4-18 半干青贮添加剂处理玉米秸类型日粮配方和营养水平

体重阶段/千克	精料配方/%					采食量/[千克/(头·天)]		每头每天的营养水平			
	玉米	麸皮	棉饼	尿素	石粉	精料	处理玉米秸	RND/个	XDCP/克	Ca/克	P/克
300～350	64.6	—	33.9	0.59	0.91	4.35	12	6.1	660	660	38
350～400	55.6	23.1	20.5	0.05	0.70	4.20	15	6.8	691	38	21
400～450	63.5	18.7	16.7	0.73	0.37	4.4	18	7.6	722	37	22
450～500	68.6	16.2	14.1	1.06	0.13	4.7	20	8.4	7.54	36	23

注：由于处理玉米秸中已加入了食盐，故日粮中不再添加。精料中另加 0.2%的添加剂预混料。

第五节 高档牛肉生产技术

随着消费水平的提高，人们对高档牛肉和优质牛肉的需求急剧增加，育肥高档肉牛，生产高档牛肉，具有十分显著的经济效益和广阔的发展前景。为到达高的高档牛肉量、高屠宰率，在肉牛的育肥饲养管理技术上有着严格的要求。

一、高档牛肉的基本要求

所谓高档牛肉，是指能够作为高档食品的优质牛肉，如牛排、烤牛肉、肥牛肉等。优质牛肉的生产，肉牛屠宰年龄在 12～18 月龄的公牛，屠宰体重 400～500 千克。高档牛肉的生产，屠宰体重 600 千克以上，以阉牛育肥为最好；高档牛肉在满足牛肉嫩度剪切值3.62千克以下、大理石花纹1级或2级、质地松弛、多汁色鲜、风味浓香的前提下，还应具备产品的安全性即可追溯性以及产品的规模化、标准化、批量化和常态化。高档肉牛经过高标准的育肥后其屠宰率可达65%～75%，其中高档牛肉量可占到胴体重的8%～12%，或是活体重的5%左右。85%的牛肉可作为优质牛肉，少量为普通牛肉。

1.品种与性别要求

高档牛肉的生产对肉牛品种有一定的要求，不是所有的肉牛品种，都能生产出高档牛肉。经试验证明某些肉牛品种如西门塔尔、婆罗门等品种不能生产出高档牛肉。目前国际上常用安格斯、日本和牛、墨累灰等及以这些品种改良的肉牛作为高档牛肉生产的材料。国内的许多地方品种如秦川牛、晋南牛、鲁西牛、南阳牛、延边牛、郏县红牛、复州牛、渤海黑牛、草原红牛、新疆褐牛、三河牛、科尔沁牛等品种适合用于高档牛肉的生产。或用地方优良品种导入能生产高档牛肉的肉牛品种生产的杂交改良牛，可用于高档牛肉的生产。

生产高档牛肉的公牛必须去势，因为阉牛的胴体等级高于公牛，而阉牛又比母牛的生长速度快。母牛的肉质最好。

2.育肥时间要求

高档牛肉的生产育肥时间通常要求在18～24个月，如果育肥时间过短，脂肪很难均匀地沉积于优质肉块的肌肉间隙内，如果育肥牛年龄超过30月龄，肌间脂肪的沉积要求虽到达了高档牛肉的要求，但其牛肉嫩度很难到达高档牛肉的要求。

3.屠宰体重要求

屠宰前的体重到达600～800千克，没有这样的宰前活重，牛肉的品质达不到高档级标准。

二、育肥牛营养水平与饲料要求

7～13月龄日粮营养水平：粗蛋白12%～14%，消化能3.0～3.2兆卡/千克，或总可消化养分在70%。精料占体重1.0%～1.2%，自由采食优质粗饲料。

14～22月龄日粮营养水平：粗蛋白14%～16%，消化能3.3～3.5兆卡/千克，或者总可消化养分73%。精料占体重1.2%～1.4%，用青贮和黄色秸秆搭配粗饲料。

23～28月龄日粮营养水平：日粮粗蛋白11%～13%，消化能3.3～3.5兆卡/千克，或者总可消化养分74%，精料占体重1.3%～1.5%，此阶段为肉质改善期，少喂或不喂含各种能加重脂肪组织颜色的草料，例如黄玉米、南瓜、红胡萝卜、青草等。改喂使脂肪白而坚硬的饲料，例如麦类、麸皮、麦糠、马铃薯和淀粉渣等，粗料最好用含叶绿素、叶黄素较少的饲草，例如玉米秸、谷草、干草等。在日粮变动时，要注意做到逐渐过渡。一般要求精料中麦类大于25%、大豆粕或炒制大豆大于8%，棉粕（饼）小于3%，不使用菜籽饼（粕）。

按照不同阶段制定科学饲料配方，注意饲料的营养平衡，以保证牛的正常发育和生产的营养需要，防止营养代谢障碍和中毒疾病的发生。

三、高档牛肉育肥牛的饲养管理技术

1. 育肥公犊标准和去势技术

标准犊牛：①胸幅宽，胸垂无脂肪、呈V字形；②育肥初期不需重喂改体况；③食量大、增重快、肉质好；④闹病少。

不标准犊牛：①胸幅窄，胸垂有脂肪、呈U字形；②育肥初期需要重喂改体况；③食量小、增重慢、肉质差；④易患肾、尿结石，突然无食欲，闹病多。

用于生产高档牛肉的公犊，在育肥前需要进行去势处理，应严格在4～5月龄(4.5月龄阉割最好)，太早容易形成尿结石，太晚影响牛肉等级。

2.饲养管理技术

(1)分群饲养　按育肥牛的品种、年龄、体况、体重进行分群饲养，自由活动(图4-4)，禁止拴系饲养。

图4-4　分群饲养

(2)改善环境、注意卫生　牛舍要采光充足，通风良好。冬天防寒，夏天防暑，排水通畅，牛床清洁，粪便及时清理，运动场干燥无积水。要经常刷拭或冲洗牛体，保持牛体、牛床、用具等的清洁卫生，防止呼吸道、消化道、皮肤及肢蹄疾病的发生。舍内垫料多用锯末子或稻皮子。饲槽、水槽3～4天清洗1次。

(3)充足给水、适当运动　肉牛每天需要大量饮水，保证其洁净的饮用水，有条件的牛场应设置自动饮水装置。如由人工喂水，饲养人员必须每天按时供给充足的清洁饮水。特别在炎热的夏季，供给充足的清洁饮水是非常重要的。同时，应适当给予运动，运动可增进食欲，增强体质，有效降低前胃疾病的发生。沐浴阳光，有利育肥牛的生长发育，有效减少佝偻病发生。

(4)刷拭、按摩　在育肥的中后期，每天对育肥牛用毛刷、手对其全身进行刷拭或按摩2次，来促进体表毛细血管血液的流通量，有利于脂肪在体表肌肉内均匀分布，在一定程度上能提高高档牛肉的产量，这在高档牛肉生产中尤为重要，也是最容易被忽视的细节。

3.育肥牛的疾病防制技术

育肥牛的疾病防治应坚持预防为主，防重于治的方针。

(1)严格消毒制度　消毒是消灭病原、切断传播途径、控制疫病传播的重要手段，是防治和消灭疫病的有效措施。

①场门、生产区和牛舍入口处都应设立消毒池，内置1%～10%漂白粉液或3%～5%来苏儿、3%～5%烧碱液。并经常更换，保持应有的浓度。有条件的牛场，还应设立消毒间(室)，进行紫外线消毒。

②牛舍、牛床、运动场应定期消毒，畜舍内外半个月消毒1次，消毒药一般可用10%～20%、石灰乳1%～10%漂白粉、0.5%～1%菌毒敌或百毒杀、84消毒液等均可。如遇烈性传染病，最好用2%或5%热烧碱溶液消毒。牛粪要堆积发酵，用驱蚊净等杀灭蚊、蝇等吸血昆虫，能有效降低虫媒传染病的发生。入舍牛要进行体检、体表清洗和驱虫。

③生产用具应坚持每10天消毒一次，可选用1%～10%的漂白粉、84消毒液等。

④工作人员进入牛舍时，应穿戴工作服、鞋、帽，饲养员不得串舍；谢绝无关人员进入牛舍，必须进入者需要穿工作服、鞋套。一切人员和车辆进出时，必须从消毒池通过或踩踏消毒。有条件的可用紫外线消毒5～10分钟后方可入内。

(2)按时免疫接种　为了提高牛机体的免疫功能，抵抗相应传染病的侵害，需定期对健康牛群进行疫苗或菌苗的预防注射。制定出比较合理、切实可行的防疫计划，特别是对某些重要的传染病如炭疽、口蹄疫、牛流行热等应适时地进行预防接种。

(3)做好普通病的防治工作　每天至少应对牛群巡视一次，重点观察牛只采食、饮水是否正常、牛只的粪、尿是否正常，以便及时发现病牛，为治疗争取时间，对病牛采取及时、正常的治疗。

(4)育肥牛的体、内外寄生虫的驱除技术　驱虫前最好做一次粪便虫卵检查，以查清牛群体内寄生虫的种类和危害程度，根据粪便中虫卵种类或根据当地寄生虫发生情况有的放矢地选择驱虫药物。对于驱虫后的粪便应进行无害化处理，最经济的方法就是生物发酵法，防止病源的扩散。另外，根据牛粪中的虫卵数进行定期或不定期的驱虫。

4. 牛舍环境条件的控制技术

大量研究表明育肥牛最适宜育肥温度是 10～20℃。在气温较低的季节可采取降低牛舍内通风量的方法来维持牛舍温度，在气温高的季节应做好防暑措施，确保牛舍的适宜温度。注意育肥牛舍内的湿度，通常育肥牛舍内的湿度不能超过65％。育肥牛舍要求有适当的通风，以利于氨气和湿气的排出。育肥牛舍氨气量的控制，以人在牛舍各个区域内均闻不到牛粪、牛尿味或任何异味为宜。另外，在育肥后期，牛只的活动小、体重大，要注意保持地板的防滑性、清洁、干燥、软硬宜中，否则易引起育肥牛的肢蹄病发生，严重影响育肥牛的增重效果。总之，要尽量采取各种措施给育肥牛创造或提供舒适、清静、卫生的环境。

四、屠宰

优质和高档牛肉的生产加工工艺流程：

膘情评定→检疫→称重→淋浴→倒吊→击昏→放血→剥皮(去头、蹄和尾巴)→去内脏→胴体劈半→冲洗→修整→称重→冷却→排酸成熟→剔骨分割、修整→包装。

(一)宰前准备

(1)膘情评定　牛宰前需进行膘情评定。膘情达到一等以上标准。

(2)检疫　膘情评定合格的肉牛必须经过宰前检验,兽医卫检人员对所宰牛的种类、头数、有无疫情、病情签发检疫证明书,经屠宰场初步视检,认定合格后才允许屠宰,以防带有各种传染病。

(3)饲养　宰牛单独拴系,宰前 24 小时停止饲喂和放牧,但供给充足的饮水。宰前 8 小时停止饮水。宰前的牛要保持在安静的环境中。

(二)屠宰

(1)宰前活重　将待宰的健康牛由人沿着专用通道牵到地磅上进行个体称重。

(2)淋浴　称重后的肉牛沿通道牵至指定地点,用温度为 30℃左右的洁净水对牛冲洗,以去掉牛体表面的污染物和细菌等,减少胴体加工过程中的细菌污染。

(3)倒吊　将淋浴后的牛牵到屠宰地点,用铁链将牛的一条后腿套牢,并挂在吊钩上,将牛吊起,然后将两条前腿用铁链捆绑好并固定在拴腿架上。

(4)击晕　在眼睛与对侧牛角两条连线的交叉点处将牛电麻或击晕。

(5)放血　吊挂宰杀在颈下缘咽喉部切开放血(即俗称"大抹脖")。放血时间一般 8～10 分钟。

(6)剥皮　放血完毕后,通过电动葫芦将牛背部朝下放到剥皮架上剥皮。剥皮有人工和机械剥皮两种形式。无论采用什么方法剥皮,都要注意卫生,以免污染。并依此工序去除前后蹄、尾巴和头。

(7)内脏剥离　沿腹侧正中线切开，纵向锯断胸骨和盆腔骨，切除肛门和外阴部，分出连结体壁的横膈膜，去除消化、呼吸、排泄、生殖及循环等内脏器官，去除肾脏、肾脏脂肪和盆腔脂肪。

(8)胴体劈半　沿脊椎骨中央分割为左右各半片胴体(称为二分体)。无电锯时，可沿椎体左侧椎骨端由前向后劈开，分软、硬两半(左侧为软半，右侧为硬半)。

(9)冲洗　用30～40℃、具有一定压力的清洁水冲洗胴体，以除掉肉体上的血污和污物及骨渣，来改善胴体外观。然后，用预先配制好的有机酸液进行胴体表面喷淋消毒，降低pH，延长货架期。

(10)修整　除掉胴体上损坏的或污染的部分，在称重前使胴体标准化。

(11)称重　启动电动葫芦，用吊钩将半胴体从高轨上取下，同时用低轨滑轮钩住胴体后腿将其转至低轨，并经过低轨上的电子秤测量半胴体重量，贮存于电脑中并打印。

$$屠宰率=胴体重/宰前活重\times100\%$$

五、排酸与嫩化

(一)肉的成熟

牛经屠宰后，肉质内部发生一系列变化。结果使肉柔软、多汁，并产生特殊的滋味和气味。这一过程称为肉的成熟。成熟的肉，表面形成一层透明的干燥膜，富有弹性，可阻碍微生物侵入。肉的切面湿润多汁，有光泽，呈酸性反应。一般成熟过程可分为如下两个阶段。

1. 尸僵过程

牛屠宰后，经一段时间，肌肉组织由原来的松弛柔软状态逐渐变为僵硬，关节失去活动性。这一过程称为尸僵。造成尸僵的原因是：宰后血液流尽，氧的供应停止，肌肉中糖原分解形成乳酸，肌球蛋白和肌动蛋白结合成刚性的肌动球蛋白。尸僵使肌肉增厚，长度缩短。牛胴体尸僵于宰后 10 小时开始，持续 15～24 小时。低温使尸僵过程变慢和持续时间延长，有利于保持肉的新鲜度。

2. 自溶过程

当肉到尸僵终点并保持一定时间后，又逐渐开始变软、多汁，并获得细致的结构和美好的滋味。这一过程称为自溶过程。造成自溶的原因是，由于肉本身固有的酶的作用，使部分蛋白质分解，肉的酸度提高等所致。蛋白质分解及成熟过程中形成的肌苷酸，使肉具有特殊的香味。

从糖原分解至肉的尸僵而自溶，这一整个过程就是肉的成熟过程。肉成熟所需时间与温度有关。0℃和 80％～85％的相对温湿度条件下，牛肉 14 天左右可达成熟的最佳状态。10℃时 4～5 天；15℃时 2～3 天；29℃约几小时。但温度过高，会造成微生物活动而使肉变质。在工业生产条件下，通常是把胴体放在 0～4℃的冷藏库内，保持 2～14 昼夜使其适当成熟。

3. 加快肉成熟的方法

可通过以下途径进行：

(1)阻止屠宰后僵直的发展　屠宰前给牛注射肾上腺素等，使牛在活体时加快糖的代谢，宰后肌肉中糖原和乳酸含量少，肉的 pH 较高(pH 6.4～6.9)，肉始终保持柔软状态。同时使肌球蛋白的碎片增加，不能形成肌动球蛋白，死后僵直便不会出现。

(2)电刺激加快死后僵直的发展　电刺激可以促进肌肉生化反应过程以及 pH 的下降速度，促进肌肉转化成肉的成熟过程。电刺激的频率和刺激时间长短对肌肉的 pH 下降有直接影响。通常 100～300 伏，12.5 赫兹的电流，对热鲜肉处理 2 分钟，能使肌肉的 pH 迅速降低，并可加速溶酶体膜的破裂，大量的组织蛋白酶释放出来并被激活，从而加速肉的成熟。

（3）加快解僵过程　解僵越快，肉的成熟越快。提高环境温度，同时采用紫外光照射，以帮助促进解僵过程，并可抑制微生物生长。另外，可采用屠宰前 2～3 小时内肌肉注射或在肉表面喷洒抗生素的方法来防止细菌的繁殖，以利于高温下的解僵过程。

（二）牛肉的人工嫩化技术

在肌肉向食肉的转化过程中，为了提高肉品的嫩度，常采用以下方式。

1. 机械处理法

包括击打、切碎、针刺、翻滚等，使肌肉内部结构发生改变，有助于肌纤维的断裂和结缔组织的韧性降低，从而提高肉品的嫩度。

（1）滚筒嫩化器嫩化法　这种嫩化器由两个平行滚筒组成，滚筒上装有齿片或利刀。嫩化处理时，两个滚筒反向运转，肉被拉入滚筒之间，肉通过时，表面产生一些切口，肉因此致嫩。用滚筒嫩化器嫩化的肌肉，主要用于快速腌制。

（2）针头嫩化器法　包括固定针头嫩化器（由变速输送器和一组凿形或枪头形利针组成）和斜形弹性针头嫩化器两种。后者最大的优点是，不仅可用于去骨肌肉，而且也可用于带骨肌肉的嫩化。此种嫩化法主要用于那些既要求轻度嫩化，同时又要求保证处理后具有良好的结构和外观的肉品。如市售鲜肉的嫩化即可采用此法。

（3）拉伸嫩化法　利用悬挂牛的重量来拉伸肌肉，可以使嫩度增加，特别是圆腿肉、腰肉和肋条肉。传统的吊挂方式是后腿吊挂。实验证明，骨盆吊挂时对肉的嫩化效果更好。

2. 电刺激法

牛屠宰后应用电刺激法可以显著改善肌肉的嫩度。通过电刺激可防止宰后肌肉冷缩，提高肌肉中溶酶体组织蛋白酶的活性及增加肌原纤维的裂解，从而使肉品的嫩度、色泽和香味等食用品质也得到相应的改善。

动物屠宰死亡之后，肌肉中的糖原酵解、ATP 的消耗和 pH 的下降都是在一段时间内逐渐进行的，并且当 ATP 全部用尽时，尸僵过程也就完成了。在这一过程完成之前，如果处理不当(迅速冷却)就会导致肉品老化。用电流脉冲经由电极通过胴体对屠宰后不久的胴体进行电刺激，则可以引起肌肉收缩，加速糖原酵解、ATP 的消耗和 pH 下降，缩短尸僵的时间。胴体经电刺激后，一般经 5 小时左右可达尸僵，这时把肉剔下，即使迅速冷却，也不会发生冷缩；迅速冻结后再解冻时，也不会发生融僵，电刺激可大大缩短常规的冷却时间。

电刺激法简单易行，只需保持良好的电接触。使用安装时，一个电极是活动的(接胴体)，另一个电极通过高架传送接地即可，两极间的电压必须是可以产生可通过胴体的脉冲电流。实际运用中，牛的胴体宜在宰后 45 分钟内，用电压为 500 伏、频率为 14.3 赫兹、脉冲时间为 10 毫秒的电流作用 2 分钟；也可采用低电压刺激法，即对牛胴体使用 90 伏电压作用 1 分钟，每秒钟可有 14 个电流脉冲通过胴体。

3. 化学物质处理法

酶处理法是用外源酶类的添加或宰前、宰后注射使肉品嫩化。在肉品嫩化上使用的酶包括 3 类：第一类是来自细菌和霉菌的酶类，如枯草杆菌蛋白酶、链霉蛋白酶、水解酶 D；第二类是来自植物的酶类，如木瓜蛋白酶、菠萝蛋白酶和无花果蛋白酶；第三类是来自动物的酶类，如胰蛋白酶等。目前在生产中使用最广泛的是第二类。各类酶对肉品作用的活性大小依次为无花果蛋白酶、菠萝蛋白酶、胰蛋白酶和木瓜蛋白酶。

不同来源的酶类对肉品的作用机制不同。细菌或霉菌的酶类作用于肌纤维蛋白；来自动物的酶类除主要作用于肌纤维蛋白外，同时对结缔组织蛋白也有一定作用；而植物的酶类则是在作用于肌纤维蛋白的同时，主要作用于结缔组织蛋白。其作用方式是，首先分裂结缔组织基质物中的黏多糖，然后逐渐将结缔组织纤维降解成为无定形的团块，使肉品得到嫩化。

酶处理人工嫩化通常是在肉品的表面喷撒粉状酶制剂或将肉品浸在酶溶液中；宰前静脉注射氧化了的酶制剂；宰后胴体僵硬前用多个针头肌肉注射酶制剂。喷撒、浸泡或肌肉注射法由于酶制剂在肉组织中分布不好，常使肉块嫩化的程度不均匀，但对老嫩不同的肉品可更严格地控制酶类和注射位置。目前生产上使用最广泛也最有效的酶处理法是宰前静脉注射。在屠宰前约 30 分钟，按动物活体重量 3.3 毫克/千克的剂量注入氧化木瓜蛋白酶。动物按常规屠宰后，肌肉开始缺氧，使氧化木瓜蛋白酶在还原性的环境中被还原到活性状态，当烹调至 50～82℃时，木瓜蛋白酶发挥作用，使各部位的肉都能均匀致嫩。

此外，宰后注射黄油、植物油、磷酸盐、食盐等均可增加嫩度。

4. 传统嫩化方法

通常是在 0～4℃陈化 10～14 天，肉中的酶从溶酶体中释放出来，使肉品嫩度增加。

六、分割

(一)分割工艺流程

排酸后的半胴体→四分体→剔骨→七个部位肉(臀腿肉、腹部肉、腰部肉、胸部肉、肋部肉、肩颈肉、前腿肉)→十三块分割肉块。

(二)四分体的产生

由腰部第12～13肋骨间将半胴体截开即为四分体。

(三)分割要求

完成成熟的胴体,在分割间剔骨分割,按照部位的不同分割完整并作必要修整。分割加工间的温度不能高于9～11℃;分割牛肉中心冷却终温须在24小时内下降至7℃以下;分割牛肉中心冻结终温须在24小时内至少下降至－19～－18℃。

半胴体分割牛肉共分为13块,其中高档部位的牛肉有3块:①牛柳,又叫里脊。②西冷,又叫外脊。③眼肉,一端与西冷相连,另一端在第5～6胸椎处。

(1)里脊(tenderloin)　也称牛柳里脊肉,解剖学名为腰大肌,从腰内侧割下的带里脊头的完整净肉。分割时先剥去肾脂肪,再沿耻骨前下方把里脊剔出,然后由里脊头向里脊尾,逐个剥离腰椎横突,取下完整的里脊。

(2)外脊(striploin)　亦称西冷或腰部肉。外脊主要为背最长肌,从第5～6腰椎处切断,沿腰背侧肌下端割下的净肉。分割时沿最后腰椎切下,再沿眼肌腹侧壁(离眼肌5～8厘米)切下,在第12～13胸肋处切断胸椎。逐个剥离胸、腰椎。

(3)眼肉(ribeye)　为背部肉的后半部,包括颈背棘肌、半棘肌和背最长肌,沿脊椎骨背两侧5～6胸椎后部割下的净肉。分割时先剥离胸椎,抽出筋腱,在眼肌腹侧距离为8～10厘米处切下。

(4)上脑(highrib)　为背部肉的前半部,主要包括背最长肌,斜方肌等,为沿脊椎骨背两侧5～6胸椎前部割下的净肉。分割时剥离胸椎,去除筋腱,在眼肌腹侧距离为6～8厘米处切下。

(5)胸肉(brisket)　亦称胸部肉或牛胸(chest meat chuck),主要包括胸升肌和胸横肌,为从胸骨、剑状软骨处剥下的净肉。分割时在剑状软骨处,随胸肉的自然走向剥离,修去部分脂肪即成完整的胸肉。

(6)嫩肩肉(chunk tender)　主要是三角肌。分割时循眼肉横切面的前端继续向前分割,得一圆锥形肉块。即为嫩肩肉。

(7)腰肉(rump)　主要包括臀中肌、臀深肌、股阔筋膜张肌。取出臀肉、大米龙、小米龙、膝圆后,剩下的一块肉便是腰肉。

(8)臀肉(topside)　亦称臀部肉,主要包括半膜肌、内收肌和股薄肌等。分割时把大米龙、小米龙剥离后便可见到一块肉,沿其边缘分割即可得到臀肉。也可沿着被切开的盆骨外缘,再沿本肉块边缘分割。

(9)膝圆(knuckle)　亦称和尚头、琳肉,主要为股四头肌,沿股四头肌与半腱肌连接处割下的股四头肌净肉。当大米龙、小米龙、臀肉取下后,见到一长方形肉块,沿此肉块周边的自然走向分割,即可得到一块完整的膝圆肉。

(10)大米龙(qutsideplat)　主要是股二头肌。分割时剥离小米龙后,即可完全暴露大米龙,顺肉块自然走向剥离,便可得到一块完整的四方形肉块。

(11)小米龙(eye round)　主要是半腱肌。分割时取下牛后腱子,小米龙肉块处于明显位置,按自然走向剥离。

(12)腹肉(flank)　亦称肋排、肋条肉,主要包括肋间内肌、肋间外肌等。可分为无骨肋排和带骨肋排,一般包括 4～7 根肋骨。

(13)腱子肉(shin)　亦称牛展,主要是前肢肉和后肢肉,分前牛腱和后牛腱两部分。前牛腱从尺骨端下刀,剥离骨头;后牛腱从胫骨上端下刀。剥离骨头取下肉。

第六节　有机牛肉生产技术

有机牛肉生产按照中华人民共和国国家标准——有机产品第1部分——生产(GB/T 19630.1—2011),规定了农作物、畜禽等及其未加工产品的有机生产通用规范和要求执行。

(一)基本概念

(1)有机农业　遵照一定的有机农业生产标准,在生产中不采用基因工程获得的生物及其产物,不使用化学合成的农药、化肥、生长调节剂、饲料添加剂等物质,遵循自然规律和生态学原理,协调种植业和养殖业的平衡,采用一系列可持续发展的农业技术以维持持续稳定的农业生产体系的一种农业生产方式。

(2)有机产品　生产、加工、销售过程符合本部分的供人类消费、动物食用的产品。

(3)常规　生产体系及其产品未获得有机认证或未开始有机转换认证。

(4)转换期　从按照本部分开始管理至生产单元和产品获得有机认证之间的时段。

(5)平行生产　在同一农场中,同时生产相同或难以区分的有机、有机转换或常规产品的情况,称之为平行生产。

(6)缓冲带　在有机和常规地块之间有目的设置的、可明确界定的用来限制或阻挡邻近田块的禁用物质漂移的过渡区域。

(7)投入品　在有机生产过程中采用的所有物质或材料。

(8)养殖期　从动物出生到作为有机产品销售的时间段。

(9)顺势治疗　一种疾病治疗体系,通过将某种物质系列稀释后使用来治疗疾病，而这种物质若未经稀释在健康动物上大量使用时能引起类似于所欲治疗疾病的症状。

(10)基因工程技术(转基因技术)　指通过自然发生的交配与自然重组以外的方式对遗传材料进行改变的技术，包括但不限于重组脱氧核糖核酸、细胞融合、微注射与宏注射、封装、基因删除和基因加倍。

(二)有机肉牛养殖

1.转换期

肉牛养殖场的饲料生产基地必须符合有机农场的要求，饲料生产基地的转换期为24个月。如有充分证据证明24个月以上未使用禁用物质，则转换期可缩短到12个月。饲养的肉牛经过其转换期后，其产牛肉方可作为有机牛肉出售。肉牛的转换期为12个月。

2.平行生产

如果一个养殖场同时以有机及非有机方式养殖同一品种肉牛，则应满足下列条件，其有机养殖的肉牛或其产品才可以作为有机产品销售：①有机肉牛和非有机肉牛的圈栏、运动场地和牧场完全分开，或者有机肉牛和非有机肉牛是易于区分的品种；②贮存饲料的仓库或区域应分开并设置了明显的标记；③有机肉牛不能接触非有机饲料和禁用物质的贮藏区域。

3.肉牛的引入

应引入有机肉牛。当不能得到有机肉牛时，可引入常规肉牛，但应不超过6月龄且已断乳。

每年引入的常规肉牛不能超过已认证的同种成年肉牛数量的10％。在以下情况下，经认证机构许可比例可放宽到40％。①不可预见的严重自然灾害或人为事故；②肉牛场规模大幅度扩大；③养殖场发展新的畜禽品种。

所有引入的常规肉牛都应经过相应的转换期。可引入常规种公牛，引入后应立即按照有机方式饲养。

4.饲料

①畜禽应以有机饲料饲养。饲料中至少应有50%来自本养殖场饲料种植基地或本地区有合作关系的有机农场。饲料生产和使用应符合有机植物生产的要求。

②在养殖场实行有机管理的前12个月内，本养殖场饲料种植基地按照本标准要求生产的饲料可以作为有机饲料饲喂本养殖场的肉牛，但不得作为有机饲料销售。饲料生产基地、牧场及草场与周围常规生产区域应设置有效的缓冲带或物理屏障，避免受到污染。

③当有机饲料短缺时，可饲喂常规饲料。但肉牛的常规饲料消费量在全年消费量中所占比例不得超过10%；出现不可预见的严重自然灾害或人为事故时，可在一定时间期限内饲喂超过以上比例的常规饲料。饲喂常规饲料应事先获得认证机构的许可。

④应保证肉牛每天都能得到满足其基础营养需要的粗饲料。在其日粮中，粗饲料、鲜草、青干草或者青贮饲料所占的比例不能低于60%(以干物质计)。

⑤初乳期犊牛应由母畜带养，并能吃到足量的初乳。可用同种类的有机奶喂养哺乳期犊牛。在无法获得有机奶的情况下，可以使用同种类的非有机奶。

不应早期断乳，或用代乳品喂养犊牛。在紧急情况下可使用代乳品补饲，但其中不得含有抗生素、化学合成的添加剂或动物屠宰产品。哺乳期至少需要3个月。

⑥在生产饲料、饲料配料、饲料添加剂时均不应使用转基因(基因工程)生物或其产品。

⑦不应使用以下方法和物质：a.以动物及其制品饲喂肉牛；b.未经加工或经过加工的任何形式的动物粪便；c.经化学溶剂提

取的或添加了化学合成物质的饲料，但使用水、乙醇、动植物油、醋、二氧化碳、氮或羧酸提取的除外。

⑧使用的饲料添加剂应在农业行政主管部门发布的饲料添加剂品种目录中，并批准销售的产品，同时应符合本部分的相关要求。

⑨可使用氧化镁、绿砂等天然矿物质；不能满足畜禽营养需求时，可使用人工合成的矿物质和微量元素添加剂。

⑩添加的维生素应来自发芽的粮食、鱼肝油、酿酒用酵母或其他天然物质；不能满足畜禽营养需求时，可使用人工合成的维生素。

⑪不应使用以下物质：a. 化学合成的生长促进剂（包括用于促进生长的抗生素、抗寄生虫药和激素）；b. 化学合成的调味剂和香料；c. 防腐剂（作为加工助剂时例外）；d. 化学合成的着色剂；e. 非蛋白氮（如尿素）；f. 化学提纯氨基酸；g. 抗氧化剂；h. 黏合剂。

5. 饲养条件

①肉牛的饲养环境（圈舍、围栏等）应满足下列条件，以适应肉牛的生理和行为需要：a. 肉牛活动空间根据体重大小室内面积 1.5～5 米^2、室外面积 1.1～3.7 米^2 和充足的睡眠时间；肉牛运动场地可以有部分遮蔽。b. 空气流通，自然光照充足，但应避免过度的太阳照射。c. 保持适当的温度和湿度，避免受风、雨、雪等侵袭。d. 如垫料可能被肉牛啃食，则垫料应符合对饲料的要求。e. 足够的饮水和饲料，饮用水水质应达到 GB 5749 要求。f. 不使用对人或肉牛健康明显有害的建筑材料和设备。g. 避免畜禽遭到野兽的侵害。

②应使所有肉牛在适当的季节能够到户外自由运动。但以下情况可例外：a. 特殊的肉牛舍结构使得肉牛暂时无法在户外运动，但应限期改进；b. 圈养比放牧更有利于土地资源的持续利用。

③肉牛最后的育肥阶段可采取舍饲，但育肥阶段不应超过其

养殖期的 1/5，且最长不超过 3 个月。

④不应采取使肉牛无法接触土地的笼养和完全圈养、舍饲、拴养等限制肉牛自然行为的饲养方式。

⑤肉牛不应单栏饲养，但患病的肉牛、成年公牛及妊娠后期的母牛例外。

⑥不应强迫喂食。

6. 疾病防治

①疾病预防应依据以下原则进行：a. 根据地区特点选择适应性强、抗性强的品种；b. 提供优质饲料、适当的营养及合适的运动等饲养管理方法，增强肉牛的非特异性免疫力；c. 加强设施和环境卫生管理，并保持适宜的肉牛饲养密度。

②可在肉牛饲养场所使用次氯酸钠、氢氧化钠、过氧化氢、过乙酸、酒精、高锰酸钾、碘酒的消毒剂。消毒处理时，应将肉牛迁出处理区。应定期清理肉牛粪便。

③可采用植物源制剂、微量元素和中兽医、针灸、顺势治疗等疗法医治肉牛疾病。

④可使用疫苗预防接种，不应使用基因工程疫苗（国家强制免疫的疫苗除外）。当养殖场有发生某种疾病的危险而又不能用其他方法控制时，可紧急预防接种（包括为了促使母源体抗体物质的产生而采取的接种）。

⑤不应使用抗生素或化学合成的兽药对肉牛进行预防性治疗。

⑥当采用多种预防措施仍无法控制肉牛疾病或伤痛时，可在兽医的指导下对患病肉牛使用常规兽药，但应经过该药物的休药期的 2 倍时间（如果 2 倍休药期不足 48 小时，则应达到 48 小时）之后，这些肉牛及其产品才能作为有机产品出售。

⑦不应为了刺激肉牛生长而使用抗生素、化学合成的抗寄生虫药或其他生长促进剂。不应使用激素控制肉牛的生殖行为（例如诱导发情、同期发情、超数排卵等），但激素可在兽医监督下用于

对个别肉牛进行疾病治疗。

⑧除法定的疫苗接种、驱除寄生虫治疗外，养殖期不足 12 个月的肉牛只可接受一个疗程的抗生素或化学合成的兽药治疗；养殖期超过 12 个月的，每 12 个月最多可接受三个疗程的抗生素或化学合成的兽药治疗。超过允许疗程的，应再经过规定的转换期。

⑨对于接受过抗生素或化学合成的兽药治疗的肉牛应逐个标记。

7. 非治疗性手术

有机养殖强调尊重肉牛的个性特征。应尽量养殖不需要采取非治疗性手术的品种。在尽量减少肉牛痛苦的前提下，可对肉牛采用以下非治疗性手术，必要时可使用麻醉剂：a. 物理阉割；b. 断角。

8. 繁殖

①宜采取自然繁殖方式。

②可采用人工授精等不会对肉牛遗传多样性产生严重影响的各种繁殖方法。

③不应使用胚胎移植、克隆等对肉牛的遗传多样性会产生严重影响的人工或辅助性繁殖技术。

④除非为了治疗目的，不应使用生殖激素促进畜禽排卵和分娩。

⑤如母畜在妊娠期的后 1/3 时段内接受了禁用物质处理，其后代应经过相应的转换期。

9. 运输和屠宰

①肉牛在装卸、运输、待宰和屠宰期间都应有清楚的标记，易于识别；肉牛产品在装卸、运输、出入库时也应有清楚的标记，易于识别。

②肉牛在装卸、运输和待宰期间应有专人负责管理。

③应提供适当的运输条件，例如：a. 避免肉牛通过视觉、听觉和嗅觉接触到正在屠宰或已死亡的动物；b. 避免混合不同群体的

肉牛;有机牛肉产品应避免与常规产品混杂,并有明显的标志;c. 提供缓解应激的休息时间;d. 确保运输方式和操作设备的质量和适合性;运输工具应清洁并适合所运输的肉牛,并且没有尖突的部位,以免伤害肉牛;e. 运输途中应避免肉牛饥渴,如有需要,应给肉牛喂食、喂水;f. 考虑并尽量满足肉牛的个体需要;g. 提供合适的温度和相对湿度;h. 装载和卸载时对肉牛的应激应最小。

④运输和宰杀肉牛的操作应力求平和,并合乎动物福利原则。不应使用电棍及类似设备驱赶肉牛。不应在运输前和运输过程中对肉牛使用化学合成的镇静剂。

⑤应在政府批准的或具有资质的屠宰场进行屠宰,且应确保良好的卫生条件。

⑥应就近屠宰。除非从养殖场到屠宰场的距离太远,一般情况下运输肉牛的时间不超过 8 小时。

⑦不应在肉牛失去知觉之前就进行捆绑、悬吊和屠宰。用于使肉牛在屠宰前失去知觉的工具应随时处于良好的工作状态。如因宗教或文化原因不允许在屠宰前先使肉牛失去知觉,而必须直接屠宰,则应在平和的环境下以尽可能短的时间进行。

⑧有机肉牛和常规肉牛应分开屠宰,屠宰后的产品应分开贮藏并清楚标记。用于畜体标记的颜料应符合国家的食品卫生规定。

10. 有害生物防治

有害生物防治应按照优先次序采用以下方法:a. 预防措施;b. 机械、物理和生物控制方法;c. 可在肉牛饲养场所,以对肉牛安全的方式使用国家批准使用的杀鼠剂。

11. 环境影响

①应充分考虑饲料生产能力、肉牛健康和对环境的影响,保证饲养的肉牛数量不超过其养殖范围的最大载畜量。应采取措施,避免过度放牧对环境产生不利影响。

②应保证肉牛粪便的贮存设施有足够的容量,并得到及时处理

和合理利用，所有粪便储存、处理设施在设计、施工、操作时都应避免引起地下及地表水的污染。养殖场污染物的排放应符合 GB 18596 的规定。

思考题

1. 影响肉牛育肥效果的因素有哪些？
2. 什么是小白牛肉？小白牛肉生产的饲养模式有哪些？
3. 什么是小牛肉？什么叫直线育肥？
4. 如何选择架子牛？
5. 新购入的架子牛为什么要隔离饲养？过渡期如何饲养？
6. 架子牛育肥期的饲养管理原则是什么？
7. 高档牛肉育肥牛的饲养管理技术包括哪些？
8. 有机肉牛如何养殖？

第五章　肉牛场的卫生消毒与防疫技术

导　　读　牛场卫生消毒与防疫工作对保证肉牛业发展以及人民身体健康至关重要。本章介绍牛场卫生消毒的目的、分类、方法以及常用化学消毒剂。同时介绍兽药使用、防疫内容以及犊牛阶段与育肥阶段常见疾病防控措施。

第一节　肉牛场的卫生消毒

消毒的目的是杀灭或清除外界环境中的病原体，切断其传播途径，防止疫病流行。消毒工作对保证肉牛业发展，维护人民健康，保证食肉安全，保护环境卫生和维持生态平衡方面有着重大作用。在肉牛疫病的防控中，治疗手段只能是针对发病肉牛，免疫主要是针对健康肉牛，而消毒工作除了对牛健康时进行预防消毒和发病时的随时消毒外，还要对因各种疫病死亡的肉牛进行彻底的终末消毒，也就是说，在肉牛疫病的防控中，对健康的、发病的和死亡的牛，都要进行有效的消毒。

一、消毒的分类

肉牛传染病的发生，不外乎 3 个环节和 2 个因素，即传染源、传播途径、牛群体的易感性和环境因素、社会因素。在肉牛疫病的防控措施中，在扑灭肉牛疫病的实践中，都需要消毒。根据消毒的目的，可以把消毒分为如下几种。

(一)定期消毒

也称为预防消毒，即传染病发生前所进行的消毒。

①圈舍的消毒采取每天 1 次用机械消毒法、每 2 周 1 次用喷洒消毒法(用有效化学消毒药物，按规定比例稀释，装入喷雾器内，对圈舍四壁、地面、饲槽、圈舍周围地面、运动场地面、牛体表等进行喷洒消毒。喷洒消毒的药液应均匀喷湿为宜)消毒；消毒池内的消毒药液每 3 天更换 1 次，同时做好药液的及时追加；牛出售后场地用机械消毒法和喷洒消毒法消毒，7～14 天后才能购进新牛群。

②场内所有用具每 2 周用机械消毒法和喷洒消毒法消毒；工作服、工作鞋要经常清洗，定期用紫外线或药液浸泡消毒；进出牛场的车辆，先用机械消毒法后再用喷洒消毒法消毒，才能装运牛只。

③任何人进出牛场都必须更换工作服和工作鞋，经消毒后方可进出。

④牛场内的粪便、污水、污物等，能直接燃烧部分作烧毁消毒，其余部分用坑、堆积发酵法消毒。

(二)临时消毒

临时消毒也称为应急性消毒，即传染病发生时所进行的消毒。

发生重大疫病时，病死牛和扑杀牛烧毁消毒。圈舍、用具、放牧地用机械消毒法和喷洒消毒法消毒，每天 1 次，连续 7 天；粪便、污水、污物能直接燃烧部分作烧毁消毒，其余部分用坑、堆积发酵法消毒。

(三)终末消毒

即发病地区消灭了某种疫病，在解除封锁前，为了彻底地消灭传染病的病原体而进行的最后消毒。在进行这种消毒时，不仅肉牛周围的一切物品、牛舍要消毒，连痊愈牛的体表也要消毒。这种消毒除根据疫病的性质采取专项消毒方法和消毒药品外，还需要一般的消毒方法和消毒药品配合消毒，以达到环境良好，促进牛体尽早恢复健康。

二、消毒的方法

(一)机械清除消毒法

用机械的方法如清扫、洗刷、通风等清除病原体，是最普遍、最常用的方法。这种方法不能杀灭病原菌，只是创造不利于微生物生长、繁殖的环境条件。若遇到传染病，需同其他消毒方法一并进行，并预先用消毒药液喷洒，然后再清扫。所以，这种方法是其他有效消毒的基础。

(二)物理消毒法

这种方法包括光辐射方法、同位素电离辐射方法、热方法以及微波辐射方法等。

1.日光、紫外线和干燥消毒

日光的辐射能是由大量各种波长的光波所组成，对生物机体有复杂的综合作用。日光所引起的化学与物理学变化性质，依光波的波长不同而不同。杀菌力最大的波长是$(2\sim3)\times10^{-7}$米范围的光线，此正是紫外线，它可透过空气到达地面，具有显著的杀菌作用。在直射日光下，不少细菌和病毒都被杀死。但消毒工作中，日光仅能起辅助作用，而不能单独应用。

紫外线灯常用于空气消毒，或者不能用热能、化学药品消毒的器械（胶质做成的器械）。紫外线灯有两种，即水银紫外灯和水银石英灯。它们的紫外线波长为$(2.54\sim3.2)\times10^{-7}$米，能强烈地被蛋白质、类脂质及胆固醇所吸收。紫外线的消毒效果取决于细菌的耐受性、紫外线的密度和照射的时间。紫外线对细菌的致死量一般为0.05～50毫瓦/厘米^2。紫外线的杀菌作用在于菌体内核酸和蛋白质的变性可能是引起细菌死亡的主要原因。

干燥能使微生物水分蒸发，故有杀灭微生物的作用，但效果次于阳光。各种微生物因干燥而死亡的时间各有不同，如结核杆菌、葡萄球菌，虽经长时间干燥（10个月或几年）也不死亡，所以在生产上的应用受到限制。

2.高温消毒

高温对于微生物有致死作用，故在消毒工作中广泛应用。高温消毒常用如下几种方式。

（1）焚烧　焚烧是一种最可靠的消毒方法，通常用于被烈性传染病污染的情况下，以达到消毒的目的。

使用焚烧炉时，按其装置的常规用法使用之；用烧柴焚烧时，注意应有充足的烧柴（为尸体重量的2倍）及辅助燃料（秸秆、干草、沥青、煤油、汽油等）。依焚烧牛尸的多少挖坑，将尸体放在烧柴上，点燃秸秆，使之完全焚烧。焚烧后所剩的骨灰等物必须埋于土中；焚烧的场所及其附近必须消毒。

（2）煮沸　煮沸消毒是一种经济、方便、应用广泛、效果确实的好方法。一般细菌在100℃开水中煮沸3～5分钟即可杀死，在60～80℃热水中30分钟死亡，多数微生物煮沸2小时以上，几乎可以完全杀死。消毒对象主要是金属器械、玻璃器皿、工作衣帽等。

煮沸消毒的具体要求：尸体应煮沸2～3小时；切细的组织煮

沸1小时以上;金属器械煮沸消毒时,水中加入1%~2%碳酸氢钠(小苏打),既可提高水温、去污垢,又可增加OH^-、Na^+,提高杀菌能力,提高消毒效果。

(3)蒸汽　即利用水蒸气的湿热,达到消毒的作用。蒸汽传热快、温度高、穿透力强,是一种理想的消毒方法。这种方法分两种。

高压蒸汽消毒:需要一定的设备,如高压灭菌锅。此法为最有效的消毒方法,通常121℃、30分钟即可彻底地杀死细菌和芽孢。所有不因湿热而损坏的物品,如培养基、玻璃器材、金属器械、培养物、病料等,都可用此法消毒。另外就是湿化机,主要用于尸体和废弃品的化制。使用高压灭菌锅时,一定要排除完高压灭菌锅内冷空气,以缩短时间,提高温度,达到理想的消毒效果。

一般蒸汽消毒:即像蒸馒头一样使热气通过要消毒的物品,将病原体杀死,故一切耐热、耐潮湿的物品,均可放入铁锅内、蒸笼中用此法消毒。

(4)干烤　干热空气的杀菌作用,在效力上虽然不如蒸汽,160℃干热空气1小时的效果相当于121℃湿热作用10~15分钟。一般细菌繁殖体在100℃、90分钟杀死,而芽孢则需140℃、3小时。因此,在利用干烤箱施行消毒灭菌时,通常采用160~170℃、2~3小时干烤。

干烤箱中的干热空气温度高于100℃时,对棉织物、毛织物、皮革类等有机物制品,均有损坏作用,故干烤方法不适宜这些物品的消毒。

3.电离辐射

辐射源选用钴、铯等同位素,它们产生α、β、γ三种射线。目前均选用钴60(^{60}Co)发射的γ射线进行辐射消毒。一是干扰微生物生成核糖核酸(RNA);二是产生新离子过氧化氢作用于微生物;三是破坏细胞内膜,引起酶系统紊乱。

(三)化学消毒法

因为化学药品的消毒作用要比一般的消毒方法速度快、效率高,能在数分钟之内使药力透过病原体,将其杀死,故常采用之。

1.常用的化学消毒剂

根据化学消毒剂对微生物的作用,主要分为以下几类:一是凝固蛋白质和溶解脂肪类的化学消毒剂,如甲醛、酚(石炭酸)、甲酚及其衍生物(来苏儿、克辽林等)、醇、酸等;二是溶解蛋白类的化学消毒剂,如氢氧化钠、石灰等;三是氧化蛋白类的化学消毒剂,如高锰酸钾、过氧化氢、漂白粉、氯胺、碘、硅氟氢酸、过氧乙酸等;四是与细胞膜作用的阳离子表面活性消毒剂,如新洁尔灭、洗必泰等;五是使细胞脱水作用的化学消毒剂,如福尔马林、乙醇等;六是与巯基作用的化学消毒剂,有重金属盐类,如升汞、红汞、硝酸银、蛋白银等;七是与核酸作用的碱性染料,如龙胆紫(结晶紫)等。还有其他类化学消毒剂,如戊二醛、环氧乙烷等。

根据消毒工作的实践要求,目前,常把化学消毒药归纳为酸类消毒药、碱类消毒药以及酚类、醇类、醛类、卤素、重金属盐类、氧化剂、杂环类、双缩胍类、表面活性剂、抗生素、除臭剂等的衍变物。

(1)酸类消毒剂　常用的有盐酸、硝酸、硫酸、磷酸、柠檬酸、甲酸、羟基乙酸、氨基磺酸、乳酸等。无机酸主要是靠氢离子(H^+)的作用,有机酸一般是整个分子或氢离子的作用,乳酸、醋酸的蒸汽有杀病毒作用,一般按6～12毫升/米^{3}投药进行蒸汽消毒。

(2)碱类消毒药　碱类的杀菌性能,依其氢氧根离子浓度而定,氢氧根离子越浓,杀菌力越大。在室温中,强碱能水解蛋白质和核酸,使细菌的酶系统和结构受到损害。碱类还能破坏菌细胞,使细胞死亡。在碱类溶液中,氢氧化钾、氢氧化钠的电离度最大,因而氢氧离子浓度也大,杀菌作用也最强。一般病毒、革兰氏阴性菌对于碱类消毒剂比革兰氏阳性菌敏感。有机物的存在,能降低碱类消毒剂的杀菌作用，所以在施行碱类消毒剂消毒时，应该首先机械清除再选用药物。

苛性钠（NaOH）是常用碱类消毒剂，对于细菌和病毒均具有显著的杀灭作用，2%～4%溶液能杀死病毒和细菌繁殖体。氢氧化钠1%～2%热溶液被用来消毒病毒性传染病所属污染的牛舍、地面和用具。结核杆菌对于氢氧化钠的抵抗力较其他菌强，10%的氢氧化钠液需 24 小时才能杀死。消毒病理解剖室一般用 10%的氢氧化钠热溶液。本品对金属有腐蚀性，消毒完毕要求洗干净。

生石灰（CaO）呈碱性，有消毒灭菌作用，但不易保存，容易失效，所以在实际应用中，效果不可靠。如果把生石灰 1 份加水 1 份制成熟石灰（氢氧化钙），然后用水配成 10%～20%的悬浮液，即成石灰乳，有相当强的消毒作用，但它只适宜粉刷墙壁、圈栏、消毒地面、沟渠和粪尿池。若熟石灰存放过久，吸收了空气中的二氧化碳，变成碳酸钙，则失去消毒作用。因此，在配制石灰乳时，应随配随用，以免失效浪费。生石灰 1 千克加水 350 毫升化开而成的粉末可撒在阴湿地面、粪池周围进行消毒。直接将生石灰粉撒在干燥地面上，不发生消毒作用。生石灰的杀菌作用主要是改变介质的 pH，夺取微生物细胞的水分，并与蛋白质形成蛋白化合物。

草木灰水是用新鲜干燥的草木灰 20 千克加水 100 千克，煮沸 20～30 分钟（边煮边搅拌，草木灰因容积大，可分 2 次煮），去渣使用，可用于消毒牛舍地面。各种草木灰中含有不同量的苛性钾和碳酸钾，一般 20%的草木灰水消毒效果与 1%氢氧化钠相当。

氨水因气味大而少用于室内，实验证明，用于粪便消毒很有前途，是一种良好的消毒剂。使用浓度为 1%～5%。

（3）酚类消毒剂　酚类消毒剂多数为苯的衍生物，其杀菌主要靠非电离分子，如苯酚、煤酚皂、煤焦油皂等，近年来出现了卤酚、双酚、复合酚等衍生物，如氯代苯酚、氯二甲苯酚等，其效果比石炭酸大多倍，毒性低，滞留期长，原料来源广泛，对某些病毒有杀灭作用，但有一定公害，需逐步改进。

酚类消毒剂由煤炭或石油蒸馏的副产品中得来，也可用合成法制取。这类消毒药除石炭酸能溶于水外，其他则略溶于水，所以多与肥皂混合成乳状液，如来苏儿、臭药水等。乳化的杀菌剂具有更强的杀菌力，这是因为细菌颗粒集中在乳化剂的表面，因而与细菌接触的浓度相应地增加了，使菌膜损害，使蛋白质发生变性或沉淀，还能抑制特异的酶系统，如脱氢酶、氧化酶等。

常用的克辽林（臭药水），是含有煤酚、饱和及不饱和的碳氢化合物、树脂酸和吡啶盐基的制剂，为暗褐色油状物，主要取自煤焦油和泥煤焦油、木焦油，因而有煤克辽林、泥煤克辽林、木焦克辽林之别。克辽林为强力的消毒剂，常用 5％热溶液消毒用具、器械、胶靴、阴沟、厕所、污水池等。

石炭酸（苯酚、酚）有特殊气味，价格较高，对动物细胞有毒性，特别对神经细胞；5％以上溶液刺激皮肤黏膜，使手指麻痹；对真菌、病毒作用不大。

来苏儿（煤酚皂溶液、甲酚皂溶液）是由煤酚 500 毫升与豆油（或其他植物油）300 克、氢氧化钠 43 克配成，常用浓度为 2％～5％，有可靠的消毒与除臭效果。

煤酚（甲酚）是由煤馏油中所得甲酚的各种异构体的混合物，其杀菌力强于石炭酸，腐蚀性及毒性则较低。常用消毒浓度为 0.5％～1％。

六氯酚为白色或微棕色粉末，无臭，不溶于水，易溶于醇，常用其 2％～3％的液体肥皂制剂或其 0.5％～1％的溶液涂擦消毒。

（4）醛类消毒剂　常用的是甲醛。甲醛呈弱酸性，呈醛基化作用，曾广泛用于喷雾和熏蒸消毒，是一种强力消毒剂。因性质不稳定，长期保存（－20℃）则形成絮状的三聚甲醛。

0.5％的甲醛溶液 6～12 小时能杀死所有芽孢和非芽孢的需氧菌，48 小时杀死产气荚膜杆菌，真菌孢子对甲醛的抵抗力也很弱。甲醛的杀菌作用在于它的还原作用。甲醛能和细菌蛋白质的氨基结合，使蛋白变性。甲醛蒸汽消毒法，即利用氧化剂和甲醛水溶液作用，而产生高热蒸发甲醛和水。通常用高锰酸钾作氧化剂。消毒前，先将纸条密封门窗缝隙，消毒时间最少要12小时，室内温度要保持在18℃以上，消毒物品必须与蒸汽密切结合，消毒完毕的房舍，应蒸发氨气以中和剩下的甲醛蒸汽（除臭）。通常每100米^{3}用氯化铵500克，生石灰1 000克和热水750毫升产生氨气。

用甲醛蒸汽消毒，不损坏衣物，也不因有机物存在而降低其作用。它的杀菌力很大程度上由空气湿度而定。条件相同时，相对湿度越大，杀菌力越强。95%～100%相对湿度，效力最强。甲醛直接用于消毒时，要使用特制的气体消毒器，只在消毒站及一些特定的机构或工厂中使用。一般场合常用它的稀释液福尔马林，即40%（重量/容积）的甲醛水溶液。为了防止发生化学反应，福尔马林中还加有10%～15%甲醇。

戊二醛，商品是其25%（重量/容积）水溶液。常用其20%溶液，溶液呈酸性反应，以0.3%碳酸氢钠作缓冲，使pH调整至7.5～8.5，杀菌作用显著增强。戊二醛溶液的杀菌力比甲醛更强，为快速、高效、广谱消毒剂，性质稳定，在有机物存在情况下，不影响消毒效果，对物品无损伤作用。目前国内生产的有两种剂型，即碱性戊二醛及强化酸性戊二醛，常用于不耐高温的医疗器械消毒，如金属、橡胶、塑料和有透镜的仪器等。

（5）氧化剂消毒药

①漂白粉：又叫氯化石灰，是氯化钙、次氯酸钙和消石灰的混合物，但主要成分是次氯酸钙，是气体氯将石灰氯化而成。漂白粉遇水产生极不稳定的次氯酸，易于离解产生氧原子和氯原子，通过氧化和氯化作用，而呈现出强大而迅速的杀菌作用。漂白粉具有特别浓的气味。本品能溶于水，以其中所含的活性氯来杀灭微生

物，即“有效氯”。漂白粉在水溶液中分解，产生新生氧和氯。新生氧和有效氯都具有杀菌作用。在酸性条件下(pH 4～5)其杀菌能力比在中性和碱性条件下(pH 7～10)强得多。漂白粉含“有效氯”高低不同，市售品一般含有效氯为25%～33%，常用于日常和定期的大消毒，其配方：每100千克水加漂白粉10千克(以含25%有效氯的漂白粉为标准)配成20%的溶液(含有效氯5%)，这样的浓度能在短时间内杀死绝大多数微生物。漂白粉与空气接触时容易分解，每月损失有效氯1%～3%，由空气中吸收水成盐，故需密封在有色容器内，存放于阴暗干燥的地方，以防失效。漂白粉用于消毒饮水、污水、牛舍、车间、用具、车船、土壤、排泄物等，毒后通风，以防中毒。对金属器械或衣物有腐蚀作用。漂白粉用于空间消毒时，最有效的方法是将酸性漂白粉稀释液煮沸，让产生的次氯酸(HClO)进行空间消毒。为了防止分子氯的产生和增强消毒能力，可将漂白粉配成1%的溶液，而后按2%的量加入磷酸二氢钠(NaH_2PO_4)或过磷酸钙(使溶液保持pH 4)，加热煮沸。漂白粉的用量按1克/米^{3}计。

②过氧化氢、臭氧：因生产工艺的突破，本身又无公害，增加了使用价值。

③高锰酸钾、过氧乙酸：是良好的氧化消毒剂。过氧乙酸是一种应用广泛，适宜低温，高效快速，其水溶液和气体都能杀灭细菌繁殖体、芽孢、霉菌和病毒等多种微生物。过氧乙酸在实际应用中有很多突出的优点。一是对各类微生物都有效，使用浓度低，消毒时间很短；二是毒性低微或几乎无毒，其分解产物是水和氧等，全无毒性，使用后可不加清洗，亦无残毒；三是容易制作，原料易得，如冰醋酸、过氧化氢、硫酸；四是使用方便，常温、低温、喷雾、熏蒸、浸泡、泼洒均有良效。其缺点，对金属有一定的腐蚀性；蒸汽有刺激性；高浓度(40%以上)有爆炸性；穿透力差。但是，常用浓度对金属的腐蚀性非常微弱；自己制造的产品只有20%浓度，不具有

爆炸的危险。

④次氯酸钠:在卤素消毒剂中有氧化作用的还有次氯酸钠,也是高效的氧化消毒剂。

⑤氯亚明(氯胺):为结晶粉末,含有效氯 11%以上。性质稳定,在密闭条件下可长期保存,携带方便,易溶于水。消毒作用缓慢而持久。

(6)醇类消毒剂　常用的主要是乙醇,它的杀菌作用主要是由于它引起的脱水作用。乙醇分子进入蛋白质的肽键空间,使菌体蛋白质变性或沉淀。此外,乙醇还能溶解脂类。它的消毒作用不因浓度的增加而加大,因为当浓度过大时,如无水乙醇、95%乙醇作用于菌体时,使菌体周围的有机质凝固形成较致密的蛋白保护膜,又因为乙醇的穿透能力较差,所以,杀菌力降低。故常采用70%～75%浓度的乙醇溶液,实践证明,此浓度消毒效果最佳。乙醇多用于实验操作与手术操作有关方面的消毒,或作为其他化学消毒剂的配制原料。

(7)卤素类消毒剂　此类消毒剂包括氟、氯、溴、碘等,有良好的消毒作用。无机氯不稳定,有机氯及其衍生物有发展前途。因卤素活泼,对菌体有亲和力,含氯高的氯化物如二氯异氰尿酸,已广泛应用。

碘的复合剂中有非表面离子活性剂、阳离子、阴离子表面活性剂 3 种类型,它能杀死脊髓灰质炎病毒,但受蛋白质影响较大,进口的雅好生是一种碘制剂。

有机溴的新制剂比有机氯的制剂好,无刺激性,少异味,如二溴异氰尿酸、溴氯二甲基异氰尿酸等,能杀死肠道菌和病毒。

(8)表面活性剂消毒剂　这类消毒剂分为阴、阳、两性、非离子 4 个类型。以阳离子和两性离子的表面活性剂较好,但对芽孢和病毒无效。应注意的是阴离子和阳离子两种活性剂不能并用。制剂中高效的双季胺、聚合季胺和两性离子剂以及对胍类等均被普遍选用，如新洁尔灭、度米芬、消毒净、洗必泰、杂环类等均属此类。

新洁尔灭是一种典型的季胺化合物，易溶于水，呈碱性芳香，味极苦，振摇时产生大量泡沫，具有较强的除污和消毒作用。在水溶液中，它以阳离子形式与微生物体表面结合，引起菌外膜损伤和菌体蛋白变性，破坏细菌的代谢过程，对微生物的营养细胞有杀灭作用。新洁尔灭在高度稀释时，也有强烈的抑菌作用，当稀释度较小时有杀菌作用，是一种有效的无毒消毒剂。通常以 0.1% 的水溶液即可消毒手指、手术部位和器械等，常作为兽医卫生人员自身防护消毒用药。

(9)重金属盐类消毒剂　这类消毒剂密度均较大。消毒效果的次序为：汞离子＞铜离子＞铁离子＞银离子＞锌离子。

硫酸亚铁因呈淡绿色，亦称绿矾、青矾或皂矾。青矾消毒液的配制和使用方法：青矾易溶于水，比例大约 1∶16，消毒时配成 1%～2% 的水溶液喷雾即可。配制时要用石蕊试纸测其 pH，最好在 2.9～3.5。因粪尿多呈弱碱性，故应先扫除再消毒，并且不宜与碱性消毒药混用，以防青矾药效降低。喷雾后可不经水冲洗即可进牛。

(10)气体烷基化类消毒剂　目前有甲醛、环氧乙烷、环氧丙烷、溴甲烷、乙型丙内酯等烷基化气体消毒剂，其杀菌效果的次序：乙型丙内酯＞甲醛＞环氧乙烷＞环氧丙烷＞溴甲烷。

环氧乙烷是应用最广泛的化学气体杀菌剂，其特点是杀菌广谱，对多数物品无损害作用，便于对大宗物品进行消毒处理。因此，对精密仪器、电子仪器和受热易破坏的仪器、物品等，是一种理想的杀菌剂。对橡胶、塑料有轻微损害，穿透力比较强，能穿透纺织品、橡胶、薄的塑料和水的浅层，达到表面和一定深度的消毒作用。

(11)抗生素类消毒剂　这类消毒剂的使用应慎重，因为不少抗生素类药物对消毒物品有残留作用，尤其对食品的防腐消毒，应注意对人体的危害。

(12)中草药植物消毒剂　用中药苍术、艾叶、贯仲等配以香料、黏合剂、助燃剂制成消毒香,其消毒效果与乳酸、甲醛等的消毒效果相似。

此外,可用于消毒灭菌的中草药有穿心莲、千里光、四季青、金银花、板蓝根、黄柏、黄连、黄芩、大蒜、秦皮、马齿苋、龙葵、鱼腥草、野菊花、苦参、连翘、败酱草、大黄、虎杖、紫草、百部、夏枯草等。

(13)复合消毒药　这类消毒药的发展是一个新动向,如日本的病毒消毒药"巴克雷"就是一种含氯的复合消毒剂。国内用24%多聚甲醛加76%二氯异氰尿酸钠合剂熏蒸消毒;复方高锰酸钾即0.1%高锰酸钾加0.05%硫酸能杀灭病毒;用0.3%乳酸及甲酸混合液消毒;用肥皂石炭酸复合剂消毒;新的"菌毒敌"等,均属于此类。

2.影响化学药物消毒作用的主要因素

消毒的效果取决于消毒剂的性质及其活性,还跟病原体的抵抗力和其所处环境的性质,消毒时的温度、用量和作用时间等有关系。因此,在选择消毒药时,应考虑下述因素。

(1)药物的选择性　某些药物的杀菌、抑菌作用有选择性,如碱性药物对革兰氏阳性菌的抑菌力强。

(2)药物浓度　消毒剂消毒的效果,一般和其浓度成正比,即消毒剂越浓,其消毒效力越强,如石炭酸的浓度减低1/3时,其效力降低到1/81～1/729。但也不能一概而论,如75%的酒精溶液比其他浓度的酒精溶液消毒效力都强。

(3)温度　温度增高,杀菌作用增强,温度每升高10℃,石炭酸的消毒作用增加5～8倍。金属盐类消毒作用增加2～5倍。

(4)酸碱度　酸碱度对细菌和消毒剂都有影响,酸碱度改变时,细菌电荷也相应地改变。碱性溶液中,细菌带阴电荷较多,所以阳离子型消毒剂的抑菌、杀菌作用强；酸性溶液中，则阴离子型消毒剂杀菌效果较好。同时，酸碱度也能影响某些消毒剂的电离度，一般来说，未经电离的分子，较易通过菌膜，杀菌力强。

(5)有机物的影响　有机物的存在，可使许多药物的杀菌作用大为降低。有机物，特别是蛋白质，能和许多消毒剂结合，降低药物效能。有机物被覆菌体，阻碍药物接触，对细菌起到机械的、化学的保护作用。因此，对于分泌物、排泄物的消毒，应选用受有机物影响较小的消毒剂。

(6)接触时间　细菌与消毒剂接触时间越长，细菌死亡越多。杀菌所需时间与药物浓度也有关系，升汞浓度每增高 1 倍，其杀菌时间减少一半；石炭酸浓度增加 1 倍，则杀菌时间缩小到 1/64。

(7)微生物性状　微生物的类属、特殊构造(芽孢、荚膜)、化学成分、生长时期和密度等，都对消毒剂的作用有影响。

(8)消毒剂的物理状态　只有溶液才能进入菌体与原生质作用，固体、气体都不能进入菌细胞。所以，固体消毒剂必须溶于被消毒部分的水分中，气体消毒剂必须溶于细菌周围的液层中，才能呈现杀菌作用。

(9)表面张力　表面张力降低时，围绕细菌的药物浓度较溶液中的药物浓度为高，杀菌力量加强；反之，如杀菌剂中有很多有机颗粒存在，则杀菌剂吸附于所有这些颗粒上，细菌外围的药物浓度则降低，因而影响了杀菌作用。

(10)腐蚀性和毒性　氯化汞(俗称升汞)对金属物品有强腐蚀作用，因而这些消毒剂在应用上受很大限制。福尔马林对人和牛都有毒性，使用时要严格控制剂量。

(11)消毒对象的影响　一般碱性消毒剂用于酸性对象最有效，氧化剂用于还原性质的对象最有效。

3. 理想的化学消毒药

应该是高效、快速、低浓度、易溶解、低毒性、少公害、无致癌、杀菌谱广、性能稳定、廉价易得、运输方便、使用方便、耐高温、抗低温、便于喷雾、撒布和熏蒸等方法的实施等。也就是说，对病原微生物的杀菌作用强，短时间内奏效，杀菌力不因有机物存在而减弱，对人和牛的毒性小或无害；不损伤被消毒的物品，易溶于水，与被消毒环境中常见的物质（钙盐、镁盐）有最小的化学亲和力。

（四）生物消毒法

生物消毒法即对粪便、污水和其他废弃物的生物发酵处理。

基本方法：首先在平地或土坑内铺一层麦秆或杂草、树叶等，再将粪便堆积成馒头形，最后用泥封顶。因为粪便和土壤中有大量有机物和大量的嗜热菌、噬菌体及土壤中的某些抗菌物质，它们对于微生物有一定的杀灭作用。它们在生物发酵过程中能消灭其中的各种芽孢菌、寄生虫幼虫及其虫卵。其原因，由于嗜热菌可以在高温下发育（嗜热菌的最低温界为35℃、适温为50～60℃、高温为70～80℃）。在堆肥中，开始阶段由于一般非嗜热菌的发育，使堆肥内的温度提高到30～35℃，此后嗜热菌便发育而将堆肥的温度逐渐提高到60～75℃。在此温度下，大多数抵抗力不强的病原菌、寄生虫幼虫及其虫卵，在几天或到3～6周内便死亡。

（五）综合消毒法

机械的、物理的、化学的、生物学的等消毒方法结合起来进行的消毒，如化学药品超容量法、静电喷雾、土壤增温剂的应用，以及粪便、氨水生物热的消毒等均属此类。实际上，在兽医卫生各个领域中的消毒实施中，多有综合消毒法的利用，确保消毒效果。

第二节　兽药的使用

药物是治疗和预防牛病必不可缺少的物质条件，应用药物是保证肉牛业顺利发展的重要手段之一。为了选药正确，应用正确，提高疗效，提高经济效益，牛场兽医首先应重视药物的选择与应用技术。

(一)正确诊断是用药的基础

随着养牛业的发展，优良品种的引进，牛病越来越多，而牛场临床用药种类亦越来越多，有针对病原体是病毒类的，也有针对细菌类的，用药必须在及时正确的诊断基础上对症用药，才能达到理想的治疗效果。

(二)按药物浓度和疗程用药

药物浓度和连续用药，是防病治病的保证。治疗用药一定要达到一定的药物浓度和一定的疗程，只有在牛体内保持一定的药物浓度和作用时间，才能足以杀灭病原体。避免用药量过大而发生中毒事故，但也不可药量过小或疗程过短，这不但达不到杀灭病原体的目的，反而会使病原体产生耐药性，对以后的防治工作带来困难。尤其是抗生素和磺胺类以及抗寄生虫类药物的应用，更应特别注意。这些药物如应用不当，其危害有三：一是抗药菌株的形成；二是正常菌群失调症的发生；三是破坏机体主动免疫功能。要避免这些危害，必须按量使用，首次用量采用突击量。

(三)选择正确的给药途径

不同的给药途径可影响药物吸收的速度和数量,影响药效的快慢和强弱。静脉注射可立即产生作用,肌肉注射慢于静脉注射。选择不同的给药方式要考虑到机体因素、药物因素、病理因素和环境因素。如内服给药,药效易受胃肠道内容物的影响,给药一般在饲前,而刺激性较强的药物应在饲后喂服。不耐酸碱,易被消化酶破坏的药不宜内服。全身感染注射用药好,肠道感染口服用药好。

(四)正确配伍,协同用药

熟悉药物性质,掌握药物的用途、用法、用量、适应症、不良反应、禁忌症,正确配伍,合理组方,协同用药,增加疗效,避免拮抗作用和中和作用,能起到事半功倍的效果(表 5-1)。在实际应用中,如不明了两种药物的这种性质,为了安全起见,则应错开时间使用,不可滥用药物。

(五)正确计算药物使用剂量

计量单位是保证用药正确的前提。临床上常因计算用量错误而造成重大损失,尤其对疗效好、毒性大的常用药物更应特别注意,如喹乙醇就是疗效高、价格低廉的常用药物,但是其毒性也大,常用浓度为 0.01%～0.03%拌料,常有因错用为 0.1%～0.3%而发生中毒事故。在临床应用中,有的按千克/吨饲料计算或克/吨饲料计算。注意药物的国际单位与毫克的换算。多数抗生素 1 毫克等于 1 000 国际单位,注意药物浓度的换算,用百分比表示,纯度百分比指质量的比例,溶液百分比指 100 毫升溶液中含溶质多少克。

表 5-1　几种药物的配伍使用

分类	药物	配伍药物	配伍使用结果
青霉素类	青霉素钠、钾盐；氨苄西林类；阿莫西林类	喹诺酮类、氨基糖苷类（庆大除外）、多黏菌类	效果增强
		四环素类、头孢菌素类、大环内酯类、氯霉素类、庆大霉素、利巴韦林、诺氟沙星	相互拮抗或疗效相抵或产生副作用，应分别使用、间隔给药
		维生素 C、维生素 B、罗红霉素、维 C 多聚磷酸酯、磺胺类、氨茶碱、高锰酸钾、盐酸氯丙嗪、B 族维生素、过氧化氢	沉淀、分解、失败
头孢菌素类	“头孢”系列	氨基糖苷类、喹诺酮类	疗效、毒性增强
		青霉素类、洁霉素类、四环素类、磺胺类	相互拮抗或疗效相抵或产生副作用，应分别使用、间隔给药
		维生素 C、B 族维生素、磺胺类、罗红霉素、氨茶碱、氯霉素、氟苯尼考、甲砜霉素、盐酸强力霉素	沉淀、分解、失败
		强利尿药、含钙制剂	与头孢噻吩、头孢噻呋等头孢类药物配伍会增加毒副作用
氨基糖苷类	卡那霉素、阿米卡星、核糖霉素、妥布霉素、庆大霉素、大观霉素、新霉素、巴龙霉素、链霉素等	抗生素类	本品应尽量避免与抗生素类药物联合应用，大多数本类药物与大多数抗生素联用会增加毒性或降低疗效

续表 5-1

分类	药物	配伍药物	配伍使用结果
氨基糖苷类		青霉素类、头孢菌素类、洁霉素类、TMP	疗效增强
		碱性药物(如碳酸氢钠、氨茶碱等)、硼砂	疗效增强，但毒性也同时增强
		维生素 C、B 族维生素	疗效减弱
		氨基糖苷同类药物、头孢菌素类、万古霉素	毒性增强
	大观霉素	氯霉素、四环素	拮抗作用，疗效抵消
	卡那、庆大霉素	其他抗菌药物	不可同时使用
大环内酯类	红霉素、罗红霉素、硫氰酸红霉素、替米考星、吉他霉素(北里霉素)、泰乐菌素、替米考星、乙酰螺旋霉素、阿齐霉素	洁霉素类、麦迪素霉、螺旋霉素、阿司匹林	降低疗效
		青霉素类、无机盐类、四环素类	沉淀、降低疗效
		碱性物质	增强稳定性、增强疗效
		酸性物质	不稳定、易分解失效
四环素类	土霉素、四环素(盐酸四环素)、金霉素(盐酸金霉素)、强力霉素(盐酸多西环素、脱氧土霉素)、米诺环素(二甲胺四环素)	甲氧苄啶、三黄粉	稳效
		含钙、镁、铝、铁的中药如石类、壳贝类、骨类、矾类、脂类等，含碱类，含鞣质的中成药、含消化酶的中药如神曲、麦芽、豆鼓等，含碱性成分较多的中药如硼砂等	不宜同用，如确需联用应至少间隔 2 小时
		其他药物	四环素类药物不宜与绝大多数其他药物混合使用

续表 5-1

分类	药物	配伍药物	配伍使用结果
霉素类	氯霉素、甲砜霉素、氟苯尼考	喹诺酮类、磺胺类、呋喃类	毒性增强
		青霉素类、大环内酯类、四环素类、多黏菌素类、氨基糖苷类、氯丙嗪、洁霉素类、头孢菌素类、B族维生素、铁类制剂、免疫制剂、环林酰胺、利福平	拮抗作用，疗效抵消
		碱性药物（如碳酸氢钠、氨茶碱等）	分解、失效
喹诺酮类	吡哌酸、“沙星”系列	青霉素类、链霉素、新霉素、庆大霉素	疗效增强
		洁霉素类、氨茶碱、金属离子（如钙、镁、铝、铁等）	沉淀、失效
		四环素类、氯霉素类、呋喃类、罗红霉素、利福平	疗效降低
		头孢菌素类	毒性增强
磺胺类	磺胺嘧啶、磺胺二甲嘧啶、磺胺甲恶唑、磺胺对甲氧嘧啶、磺胺间甲氧嘧啶、磺胺噻唑	青霉素类	沉淀、分解、失效
		头孢菌素类	疗效降低
		氯霉素类、罗红霉素	毒性增强
		TMP、新霉素、庆大霉素、卡那霉素	疗效增强
	磺胺嘧啶	阿米卡星、头孢菌素类、氨基糖苷类、利卡多因、林可霉素、普鲁卡因、四环素类、青霉素类、红霉素	配伍后疗效降低或产生沉淀

续表 5-1

分类	药物	配伍药物	配伍使用结果
抗菌增效剂	二甲氧苄啶、甲氧苄啶（三甲氧苄啶、TMP）	参照磺胺药物的配伍说明	参照磺胺药物的配伍说明
		磺胺类、四环素类、红霉素、庆大霉素、黏菌素	疗效增强
		青霉素类	沉淀、分解、失效
		其他抗菌药物	与许多抗菌药物用可起增效或协同作用，其作用明显程度不一，使用时可摸索规律。但并不是与任何药物合用都有增效、协同作用，不可盲目合用
洁霉素类	盐酸林可霉素（洁霉素）、盐酸克林霉素（氯洁霉素）	氨基糖苷类	协同作用
		大环内酯类、氯霉素	疗效降低
		喹诺酮类	沉淀、失效
多黏菌素类	多黏菌素	磺胺类、甲氧苄啶、利福平	疗效增强
	杆菌肽	青霉素类、链霉素、新霉素、金霉素、多黏菌素	协同作用、疗效增强
		喹乙醇、吉他霉素、恩拉霉素	拮抗作用，疗效抵消，禁止并用
	恩拉霉素	四环素、吉他霉素、杆菌肽	
抗病毒类	利巴韦林、金刚烷胺、阿糖腺苷、阿昔洛韦、吗啉胍、干扰素	抗菌类	无明显禁忌，无协同、增效作用。合用时主要用于防治病毒感染后再引起继发性细菌类感染，但有可能增加毒性，应防止滥用

第三节　肉牛的防疫

一、主要传染病的免疫

现代化肉牛业，都具有一定的规模，采取集约化生产的形式，为了提高牛只对特定疫病的特异性免疫力，必须搞好免疫接种，免疫接种不仅需要质量优良的疫苗，正确的接种方法和熟练的技术，还需要一个合理的免疫程序，才能充分发挥各种疫苗的免疫效果。免疫程序在各个养殖场不尽相同。应根据不同情况制定切合实际的程序。

1. 强制免疫病的免疫

主要指的是口蹄疫。

(1)自繁自养牛口蹄疫免疫程序　犊牛 90 日龄时用 O 型-亚洲Ⅰ型双价口蹄疫苗(下称双价苗)免疫 1 次，间隔 1 个月再用双价苗免疫 1 次，以后每 6 个月用双价苗免疫 1 次。

(2)外购牛口蹄疫免疫程序　外购牛隔离饲养 7～14 天无疫病时，用双价苗免疫 1 次，以后每 6 个月用双价苗免疫 1 次。

(3)经产母牛口蹄疫免疫程序　经产母牛在产后 1 个月内用双价苗免疫 1 次，以后每 6 个月用双价苗免疫 1 次，配种前 1 个月内用双价苗免疫 1 次，怀孕第 5 月内用双价苗免疫 1 次。

2. 非强制免疫病的免疫

包括炭疽、布病、牛病毒性腹泻-黏膜病、轮状病毒病、犊牛大肠杆菌病等。

(1)确定免疫病种　存栏牛 15 头以上的饲养场，每 2 年应开展一次病原监测(特殊情况随时进行监测)，通过病原监测结果确定非强制免疫病种，或根据本场及周边的疫情确定非强制免疫病种。

(2)制定免疫程序　确定非强制免疫病种后，应与口蹄疫免疫程序有机结合，制定可行的免疫程序。

(3)免疫方法、剂量和注意事项　各种疫苗的免疫接种方法、剂量和注意事项按相关使用说明书的规定进行。

3. 免疫标识

每头牛在首次进行口蹄疫免疫时，由免疫人员填写免疫证明和佩戴免疫耳标(免疫证明和耳标均由当地动物疫病预防控制机构核发)，录入相关免疫信息。耳标脱落或损坏的应及时注销原耳标并佩戴新耳标，重新录入信息。补充免疫病种后应及时补登相关信息。

4. 免疫档案

首次强制免疫后，放养牛应按每群、舍养牛应按每栋牛舍建立一个免疫档案(免疫档案应包含户主姓名、地址、耳标号、免疫病种、免疫时间、免疫方法、免疫剂量、疫苗种类、批号、生产厂家、生产日期和免疫人员等信息)，以后的每次免疫应将相关信息及时填入免疫档案。

二、寄生虫病的控制

1. 预防性驱虫

(1)驱虫时间　自繁自养牛 4 月龄、外购牛隔离观察期满经口蹄疫免疫后、后备种牛在配种前、经产母牛空怀期、种公牛每 6 个月时，各开展 1 次预防性驱虫。必要时进行连续数次治疗性驱虫。

(2)驱虫药物　对常见的牛蠕虫和螨虫，首选阿维菌素或伊维菌素进行驱除，其次根据实际情况可选用丙硫咪唑、左旋咪唑、氯氰碘柳胺钠、吡喹酮、双甲脒等药物。

2. 治疗性驱虫

(1)球虫病的治疗　选用盐酸氨丙啉、磺胺氯吡嗪钠、磺胺喹噁啉钠、地克珠利、妥曲珠利等药物进行驱虫，用法、用量按有关药物的使用说明书进行。

(2)螨虫病的治疗　皮下注射伊维菌素，用双甲脒涂擦患部，环境、笼舍用双甲脒喷洒、浸泡。

三、疫病监测、控制与扑灭

新购入的牛要严把检疫关，派有经验的兽医到现场检疫。在购牛前，兽医人员到购入地详细了解每头牛的健康状况，查看健康卡片，重点了解口蹄疫疫苗的注射及牛群健康状况及布病、结核的发病情况，一旦发现疫情禁止购入；对来自健康地区购入的牛也要隔离饲养观察 30 天，并进行布病和结核的检疫，经过检疫隔离，确定为健康牛方可进入饲养场，进行正常饲养。正常饲养期间，牛场应按照国家有关规定和当地畜牧兽医主管部门的具体要求，对结核、布病等传染性疾病进行定期检疫。

(1)结核病　应以检代防，特别是种牛每年必检 1 次，具体按照国家“牛结核病防治技术规范”操作。通常牛群检疫用牛结核菌素进行皮内注射和点眼试验。检疫出现可疑反应的，应隔离复检，连续两次为可疑以及阳性反应的牛，应及时扑杀及无害化处理。对结核病检疫有阳性反应牛的牛舍，牛只应停止调动，每 1～1.5 个月复检 1 次，直至连续 2 次不出现阳性反应为止。患结核病的牛只应及时淘汰处理，不提倡治疗。

(2)布鲁氏菌病　应以检代防，特别是种牛和受体牛每年必检 1 次，具体按照国家“布鲁氏菌病防治技术规范”操作。凡未注射布病疫苗的牛，在凝集试验中连续 2 次出现可疑反应或阳性反应时，应按照国家有关规定进行扑杀及无害化处理。如果牛群经过多次检疫并将患病牛淘汰后仍有阳性动物不断出现，则可应用菌苗进行预防注射。

(3)口蹄疫　定期免疫接种，并定期进行抽检，对抗体水平未达到保护效价的应进行加强免疫。具体按照国家“口蹄疫防治技术规范”操作。

第四节　犊牛阶段多发病控制技术

一、犊牛大肠杆菌病

该病是由致病性大肠杆菌引起犊牛的一种急性细菌性传染病。临床上本病具有败血症、肠毒血症或肠道病变的表现特征。发病急、病程短、死亡率高，主要危害初生犊牛。

(一)流行病学

病原性大肠杆菌存在于成年牛肠道或发病犊牛的肠道及各组织器官内。主要通过消化道传染，也可通过子宫内感染和脐带感染。该病多见于初生犊牛，尤其 2～3 日龄犊牛最为易感，常见于冬春舍饲时期，呈地方性流行或散发，在放牧季节很少发生。母牛在分娩前后营养不足、饲料中缺乏足够的维生素或蛋白质、乳房部污秽不洁、厩舍阴冷潮湿、通风不良、气候突变等，都能促进本病的发生流行或使病情加重。

(二)症状

潜伏期短，一般为几小时至十几小时。按临床表现分为败血症型、肠毒血症型和肠炎型等类型。

(1)败血症型　发病初期体温升高至40℃,精神萎靡,食欲降低或废绝,随后出现腹泻,很快陷入脱水状态,常于症状出现后数小时至1天内出现急性败血症而死亡。有的病犊在腹泻症状尚未出现前即死亡。病死率可达80%以上。病程稍长者,可能并发脐炎、关节炎或肺炎,幸存者生长发育受阻。

(2)肠毒血症型　该型通常不出现明显临床表现即突然死亡。有症状者则为典型的中毒性症状,如体温正常或稍高,初期兴奋不安,随后转为沉郁甚至昏迷,然后进入濒死期。死前伴有剧烈腹泻,排出白色而充满气泡的稀粪。

(3)肠炎型　多见于7～10日龄的犊牛,表现为体温升高、食欲减退、喜躺卧,数小时后开始下痢,粪便初呈黄色粥样,随后变为水样、呈灰白色,并混有未消化的凝乳块、血液、泡沫,有酸败气味。后期病犊排粪失禁,尾和后躯染有稀粪。病程长的,可能出现肺炎或关节炎。

(三)防控

加强妊娠母牛和犊牛的饲养管理,保持牛舍干燥和清洁卫生。母牛临产时用温肥皂水洗去乳房周围污物,再用淡盐水洗净擦干。坚持环境及用具的日常消毒,防止犊牛受潮和寒风侵袭及饮用脏水。犊牛出生后应尽早哺足初乳。发现病牛及时隔离治疗,即通过人工哺乳、加强护理和抗菌药物治疗,对腹泻严重的犊牛,还应进行强心、补液、预防酸中毒等措施,减少犊牛的死亡。也可通过妊娠母牛的疫苗免疫接种进行预防。

二、沙门菌病

该病是由鼠伤寒沙门菌、都柏林沙门菌、牛流产沙门菌或纽波特沙门菌等引起牛的急性传染病。在未发生过本病的牛场,往往因为引进育肥牛或后备牛而将其传入。

(一)流行病学

人、各种动物及其多种野生动物对沙门菌都有易感性。幼年动物较成年动物易感。妊娠动物感染后多数发生流产。患病动物和带菌者是本病的主要传染源,患病动物的分泌物、排泄物,流产的胎儿、胎衣和羊水等均含有大量的病原菌。本病一年四季均可发生。一般呈散发或地方流行性。有些动物可表现为流行性。许多因素,如卫生条件差、密度过大、气候恶劣、分娩、长途运输或并发其他疫病感染等,都可加剧该病的病情或使流行面积扩大。

(二)症状

成年牛、犊牛都可感染发生本病。

(1)成年牛　以急性和亚急性比较常见。急性型常常表现为突然发病、高热(40～41℃)、精神沉郁、食欲废绝、产奶量下降。不久即开始下痢,粪便呈水样,恶臭,带血或含有纤维素絮片。下痢开始后体温降至正常或略高。病程持续 4～7 天。未经治疗的病例,死亡率可高达 75%,而经治疗后,死亡率可降至 10%。病牛表现毒血症症状,脱水、消瘦。持续 10～14 天粪便稀软,一般需 2 个月才能完全康复。妊娠母牛感染后可发生流产。亚急性感染的发生比较缓和。病牛体温有不同程度升高或不升高,预后情况良好。但由其他疾病或应激因素激发的沙门菌病的表现则比较复杂。

(2)犊牛　有些犊牛在生后 48 小时内便开始拒食、卧地,并迅速出现衰竭等症状,常于 3～5 天内死亡。但多数犊牛则于 10～14 日龄以后发病,病初体温升高(40～41℃),24 小时后排出灰黄色液状粪便,并混有黏液和血丝,通常于发病后 5～7 天内死亡,病死率可达 50%。病期延长时,腕和跗关节可能肿大,有的还有支气管炎和肺炎等症状。

(三)防控

预防本病除需要加强一般性卫生防疫措施和疫苗接种预防外,应定期对牛群进行检疫。治疗可用抗生素及磺胺类药物。

三、牛病毒性腹泻-黏膜病

本病又名牛黏膜病或牛病毒性腹泻,是由牛病毒性腹泻-黏膜病病毒引起牛的一种急性热性传染病。牛发生本病时的临床特征是黏膜发炎、糜烂、坏死和腹泻。

(一)流行病学

本病可感染多种动物,特别是偶蹄动物,如牛、羊、猪、鹿等。患病动物和带毒动物为传染源,本病康复牛可带毒 6 个月,成为很重要的传染源。本病可以通过直接接触或间接接触传播,主要传播途径是消化道和呼吸道,也可通过胎盘垂直传播。牛不论大小均可发病,在新疫区急性病例多,但通常不超过 5%,病死率达 90%～100%,发病牛多为 6～18 月龄。老疫区发病率和死亡率均很低,但隐性感染率在 50%以上。本病的发生通常无季节性,牛的自然病例常年均可发现,但以冬春季节多发。

(二)症状

牛自然感染的潜伏期 7～14 天。根据临床症状和病程可分为急性和慢性过程,临床上的感染牛群一般很少表现症状,多数表现为隐性感染。

急性型:常突然发病,最初的症状是厌食,鼻、眼流出浆液黏性鼻漏、咳嗽、呼吸急促、流涎、精神委顿、体温升高达 40～42℃、持续 4～7 天,同时白细胞减少。在此阶段,本病与其他呼吸道传染病很难区分。此后体温再次升高，白细胞先减少、几天后有所增加，接着可能再次出现白细胞减少。进一步发展时，病牛鼻镜糜烂、表皮剥落，舌面上皮坏死，流涎增多，呼气恶臭。通常在口腔黏膜病变出现后，发生特征性的严重腹泻，持续 3～4 周或可间歇持续几个月之久。初时粪便稀薄如水，瓦灰色，有恶臭，混有大量黏液和无数小气泡，后期带有黏液和血液。有些病牛常有蹄叶炎及趾间皮肤糜烂、坏死，患肢跛行。急性病例常见于幼犊，犊牛死亡率高于年龄较大的牛；繁殖母牛的病状轻重不等，泌乳减少或停止。肉用牛群感染率为 25%～35%。急性病例多于 15～30 天死亡。

慢性型：很少出现体温升高，病牛被毛粗乱、消瘦和间歇性腹泻。最常见的症状是鼻镜糜烂并在鼻镜上连成一片，眼有浆液性分泌物、门齿齿龈发红。跛行、球节部皮肤红肿、蹄冠部皮肤充血、蹄壳变长而弯曲，步态蹒跚。病程 2～6 个月，多数病例以死亡告终。

妊娠母牛感染本病时常发生流产，或产下有先天性缺陷的犊牛。最常见的缺陷是小脑发育不全。患犊表现轻度的共济失调、完全不协调或不能站立。有些患牛失明。

（三）防控

平时预防要加强检疫，防止引进病牛，一旦发病，立即对病牛进行隔离治疗或急宰，防止本病的扩大或蔓延。对受威胁的无病牛群可应用弱毒疫苗和灭活疫苗进行免疫接种。目前牛群应用的弱毒疫苗多为牛病毒性腹泻-黏膜病、牛传染性鼻气管炎及钩端螺旋体病三联疫苗。

四、轮状病毒感染

本病是由轮状病毒感染多种幼龄动物而引起的一种消化道疾

病。临床上以厌食、呕吐、腹泻、脱水和体重减轻为特征。

(一)流行病学

该病的易感动物包括哺乳动物和家禽等。各种年龄的动物都可感染轮状病毒,感染率最高可达 90%～100%,常呈隐性经过,但新生或幼龄动物感染时可造成较高发病率和死亡率。患病动物和隐性感染者是本病主要的传染源。病毒主要存在于肠道内,可随粪便排到外界环境,痊愈动物的排毒持续期至少可达 3 周;通过污染的饲料、饮水、垫草及土壤等媒介经口传播。本病多发生在晚秋、冬季和早春。应激因素,特别是寒冷、潮湿、不良的卫生条件、劣质的饲料和其他疾病的袭击等,均对疾病的严重程度和病死率有很大影响。

(二)症状

牛一般多发生于 1～7 日龄内的新生犊牛。发病最早的病例见于生后 12 小时,最迟的也在数周以内终止。人工感染的潜伏期是 18～24 小时。症状以突然腹泻开始,病犊精神萎靡,体温正常或略有升高。若体温降至常温以下则是死亡的征兆。厌食和腹泻,粪便黄白色液状,有时带有黏液和血液。腹泻时间延长,则脱水明显。病死率可达 10%～50%,死亡的原因多是急性脱水或酸中毒。病程 1～8 天。若继发感染大肠杆菌则预后不良,致死率增高。寒冷气候常使许多病犊在腹泻后暴发严重的肺炎而死亡。

(三)防控

通过加强饲养管理、认真执行兽医卫生措施、保持环境的清洁卫生,并定期进行消毒,可有效地增强母体和新生动物机体的抵抗力。在疫区要保证新生动物及早吃到初乳,使其接受母源抗体的保护以降低发病率。

哺乳动物经口接种同型轮状病毒的弱毒疫苗有一定的预防作用，但由于轮状病毒的血清型繁多，疫苗接种前应了解流行疫苗的免疫特性。国外已经研制出两种牛轮状病毒疫苗，一种是弱毒冻干活疫苗，可用于出生后吃初乳前的犊牛，经口接种后2～3天就可产生坚强的免疫力；另一种是灭活疫苗，可分别在产前60～90天和产前30天接种妊娠母牛，使母牛产生高滴度抗体而通过初乳转移给新生犊牛，该方法也可有效地保护犊牛安全地渡过易感期。

发病后应立即将患病动物隔离到清洁、干燥和温暖的圈舍，并应加强护理，尽量减少应激因素，及时清除粪便及其污染的垫草，对污染的环境和器物进行严格消毒。该病目前没有特效的治疗方法，患病动物可通过停止哺乳（如降低饲料投放量以减少母猪的排乳量等），自由饮用葡萄糖-甘氨酸盐水缓解病情。

第五节　肉牛育肥阶段多发病控制技术

一、前胃弛缓

前胃弛缓是指瘤胃、网胃、瓣胃神经肌肉装置感受性降低，平滑肌自动运动性减弱，内容物运转迟滞所致发的反刍动物消化障碍综合征。

（一）病因

①采食质量低劣的食物，如含蛋白少，发霉，过热或冰冻的，难以消化的粗饲料。

②饮食异常、饮水限制时则可促进本病的发生，无限制采食青贮料过多，也会引起消化不良，特别是在干草和谷物日粮不足的寒冷的冬天。

③轻度或中度的过食谷物精料（稍多饲喂了超过它们正常能够消化的精料，如过食精料则引起瘤胃酸中毒等症状）或谷物饲料的突然改变，尤其是燕麦换成大麦或小麦时。

④长期或大剂量口服磺胺类药物或抗生素，抑制了正常瘤胃微生物，可能会引起消化不良（如发生在娟姗牛会引起前胃弛缓）。

⑤某些内科病如：瘤胃臌气、积食、创伤性网胃炎、皱胃疾病（皱胃炎、溃疡）继发。

（二）症状

急性型多呈现急性消化不良，食欲减退或废绝，表现为只吃青贮饲料、干草而不吃精料或吃精料而不吃草。严重者，上槽后，呆立于槽前。反刍缓慢或停止，瘤胃蠕动次数减少，声音减弱。瘤胃内容物柔软或黏硬，有时出现轻度瘤胃臌胀。网胃和瓣胃蠕动音减弱或消失。粪便干硬或为褐色糊状；全身一般无异常，若伴发瘤胃酸中毒时，则脉搏、呼吸加快，精神沉郁，卧地不起，鼻镜干燥，流涎，排稀便，瘤胃液 pH 小于 6.5。碱性前胃弛缓，鼻镜有汗，虚嚼，口腔内有黏性泡沫。排粪减少，粪便干燥。瘤胃液的 pH 在 8 以上。慢性病例多为继发性因素引起，病情时好时坏，异嗜，毛焦肷吊，消瘦。便秘、腹泻交替发生，继发肠炎时，体温升高。病重者陷于脱水与自体中毒状态，最后衰竭而死亡。

（三）防控

改善饲料管理，合理调配饲料，不喂霉变、冰冻等饲料，防止突然改变饲料，合理使役。

二、瘤胃酸中毒

瘤胃酸中毒是由于反刍动物采食了过多容易发酵、富含碳水化合物的饲料，在瘤胃内发酵产生大量乳酸而引起的以前胃机能障碍，瘤胃微生物群落活性降低的一种疾病。临床上以严重的毒血症、脱水、瘤胃蠕动停止、精神沉郁、食欲下降、瘤胃 pH 下降和血浆二氧化碳结合力降低，虚弱、卧地不起、神志不清和高的死亡率等为特征。

(一)病因

1. 过量食入(饲喂)富含碳水化合物的谷物饲料

如大麦、小麦、玉米、水稻、高粱以及含糖量高的块根、块茎类饲料，如甜菜、萝卜、马铃薯及其副产品，尤其是加工成粉状的饲料，淀粉充分暴露出来，被反刍动物采食后在瘤胃微生物区系的作用下，极易发酵产生大量的乳酸而引起本病，饲喂酸度过高的青贮玉米或质量低劣的青贮饲料、糖渣等也是常见的原因。

2. 饲料的突然改变

尤其是平时以饲喂牧草为主，没有一个由粗饲料向高精饲料逐渐变换的过程，而突然改喂含较多碳水化合物的谷类的饲料，农村散养舍饲的牛最常见的原因是在母牛生产前后，畜主会突然添加大量的谷类精料，尤其是玉米粉、小麦粉、大麦粉、高粱粉等而引起该病。另外，气候骤变，动物处于应激状态，消化机能紊乱，如此时不注意饲养方法，草料任其采食，如肉牛运输后和高精料育肥容易引起本病。

(二)症状

呈现急性经过，一般 24 小时内发生，有些特急性病例可在两次饲喂之间(饲喂后3～5小时内)突然死亡,主要与饲料的种类、性质及食入的量有关,食入加工粉碎的饲料比饲喂未经粉碎的饲料发病快。

临床上大多数病例都呈现急性瘤胃酸中毒综合征,并具有一定的中枢神经系统兴奋症状,病畜精神沉郁、目光呆滞、惊恐不安、步态不稳、食欲废绝、流涎、磨牙、空嚼。瘤胃运动消失,内容物胀满、黏硬,腹泻,粪便呈淡灰色,有酸奶气味。严重脱水,瘤胃内有多量的液体,瘤胃pH降低,血液二氧化碳结合力降低,碱储下降,卧地不起,具有蹄叶炎和神经症状。

(三)防控

本病预防的关键是饲养管理,在饲喂高碳水化合物饲料时要有一个逐渐适应的过程,注意饲料的选择与调配,不能随意增加碳水化合物精料的用量,同时也要注意补充一定的矿物质(如钙、磷、钾、钠等)及必需微量元素以及维生素等。在育肥动物饲养高谷物饲料的初期,适当加一些干草等,使之逐渐过渡适应;一种预防酸中毒的较新方法是将已经适应高碳水化合物饲料的动物瘤胃液移植给尚未适应的动物,可使其迅速适应高水平谷物饲料提高消化功能。

三、瘤胃积食

瘤胃积食是指瘤胃内填满了大量粗硬难消化的饲料,导致胃壁过于紧张,收缩力减弱,瘤胃体积增大变硬,内容物后送障碍,造成整个消化机能紊乱乃至脱水和毒血症,甚至死亡。本病多发于舍饲育肥肉牛。

(一)病因

①过多采食容易膨胀的饲料,如豆类、谷物等。

②采食大量未经铡断的半干半湿的甘薯秧、花生秧、豆秸等。

③突然更换饲料，特别是由粗饲料换为精饲料又不限量时，易致发本病。

④因体弱、消化力不强，运动不足，采食大量饲料而又是饮水不足所致。

⑤瘤胃弛缓、瓣胃阻塞、创伤性网胃炎、真胃炎和热性能病等也可继发。

(二)症状

牛发病初期，食欲、反刍、嗳气减少或停止，鼻镜干燥，表现为弓腰、回头顾腹、后肢踢腹、摇尾、卧立不安。触诊时瘤胃胀满而坚实呈现砂袋样，并有痛感。叩诊呈浊音。听诊瘤胃蠕动音初减弱，以后消失。严重时呼吸困难、呻吟、吐粪水，有时从鼻腔流出。如不及时治疗，多因脱水、中毒、衰竭或窒息而死亡。

(三)防控

预防在于加强饲养管理，合理配合饲料，定时定量，防止过食，避免突然更换饲料，粗饲料要适当加工软化后再喂。注意充分饮水，适当运动，避免各种不良刺激。

思考题

1.消毒分为哪几类?

2.消毒的方法有哪些?

3.常用的化学消毒药有哪些?

4.牛只兽药使用原则是什么?

5.结合当地牛场实际情况，给肉牛制定免疫程序。

6.口蹄疫、布病、结核、瘤胃积食、前胃弛缓、瘤胃酸中毒如何防控?

参 考 文 献

[1] 毕于运,等.中国秸秆资源评价与利用.北京:中国农业科学技术出版社,2008.

[2] 卞爱萍.沼液沼渣在果树上的施用技术.北方果树,2012(3):43.

[3] 蔡志强,等.家畜早期妊娠诊断的研究进展.中国畜牧杂志,2000(6):49.

[4] 曹兵海,杨军香.肉牛养殖技术百问百答.北京:中国农业出版社,2012.

[5] 曹兵海.我国高档牛肉市场现状分析及其技术展望.现代畜牧兽医,2010(3):2-3.

[6] 曹兵海.2012 年肉牛牦牛产业发展趋势与政策建议.中国畜牧业,2012(6):25-27.

[7] 曹兵海.我国肉牛业与发达国家的差距与对策.饲料博览,2010(11):55-56.

[8] 曹竑,等.养牛业产业化经营的若干模式.黄牛杂志,2002(1):46.

[9] 曹玉凤,李建国.秸秆养肉牛配套技术问答.北京:金盾出版社,2010.

[10] 曹玉凤,李建国.肉牛标准化养殖技术.北京:中国农业大学出版社,2004.

[11] 曹玉凤,李英.肉牛标准化养殖技术问答.北京:中国农业大学出版社,2004.

[12] 曹玉凤,等.复合化学处理秸秆对肉牛生产性能的影响,中国草食动物,2000(1):13.

[13] 曹玉凤,等.农作物秸秆饲料处理方法和应用前景.河北畜牧兽医,1998,(13)4:208.
[14] 曹玉凤,等.肉牛高效养殖教材.北京:金盾出版社,2005.
[15] 陈北亨,王建辰.兽医产科学.北京:中国农业出版社,2001(4):411.
[16] 陈寒青,等.中草药饲料添加剂研究进展.饲料工业,2002,23(10):18-23.
[17] 陈溥言.兽医传染病学.5版.北京:中国农业出版社,2006.
[18] 陈喜斌.饲料学.北京:科学出版社,2003.
[19] 陈秀兰,谭丽,等.家畜胚胎移植.上海:上海科学技术出版社,1983.
[20] 陈幼春.关于牛胴优质分割肉块名称的讨论.黄牛杂志,2003(2):1.
[21] 陈幼春.现代肉牛生产.北京:中国农业出版社,1999.
[22] 丁露雨,等.我国不同地区肉牛舍夏季环境状况测定.家畜生态学报,2011(1):68-72.
[23] 董宽虎,沈益新.饲草生产学.北京:中国农业出版社,2002.
[24] 杜少林.规模化牛场牛粪生产双孢菇技术.石河子科技,2009(4):39-40.
[25] 范铁力,等.北方日光暖棚牛舍的设计及其环境评价.中国畜禽种业,2011(9):88-90.
[26] 方希修,等.尿素在反刍动物饲养中的应用.中国饲料,2000(17):11-13
[27] 冯仰廉.肉牛营养需要和饲养标准.北京:中国农业大学出版社,2000.
[28] 甘肃农业大学.家畜产科学.北京:中国农业出版社,1996.
[29] 高士争.饲料添加剂脂肪酸钙的研究进展和应用前景.饲料工业,1999,20(3):32-33.

[30] 葛蔚，等.缓冲剂的作用机制及应用效果.中国饲料，2001(16):8-9.
[31] 关正军，等.牛粪固液分离液两相厌氧发酵技术.农业工程学报，2011(7):300-304.
[32] 郭宏，等.北方地区暖棚牛舍的设计、温热环境控制及评价.中国奶牛，2003(6):49-52.
[33] 郭亮.现代养牛生产中的粪污处理.安徽农业技术师范学院学报，2001(2):49-51.
[34] 国家肉牛牦牛产业技术体系.2011 年度肉牛产业技术发展报告.国家肉牛牦牛产业技术体系网站，2012.
[35] 韩正康，陈杰.反刍动物瘤胃的消化和代谢.北京:科学出版社，1988.
[36] 贺普霄.家畜营养代谢病.北京:中国农业出版社，1994.
[37] 胡坚.动物饲养学.长春:吉林科学技术出版社，1999.
[38] 冀一伦.实用养牛科学.北京:中国农业出版社，2001.
[39] 贾慎修.中国饲用植物志(第一卷).北京:中国农业出版社，1987.
[40] 蒋洪茂，肖定汉.农家养牛 120 问.北京:中国农业出版社，1995.
[41] 蒋洪茂.肉牛高效育肥饲养与管理技术.北京:中国农业出版社，2003.
[42] 蒋洪茂.优质牛肉生产技术.北京:中国农业出版社，1995.
[43] 蒋振山.糖蜜在反刍动物饲料中的应用.饲料工业，2001，22(5):46.
[44] 李德发.现代饲料生产.北京:中国农业大学出版社，1997.
[45] 李德发.中国饲料大全.北京:中国农业出版社，2001.
[46] 李复兴，等.配合饲料大全.青岛:青岛海洋大学出版社，1994.

[47] 李广有.牛鲜粪便转化民用燃料原料配方的筛选.中国奶牛,2012(2):2-6.

[48] 李建国,冀一伦.养牛手册.石家庄:河北科学技术出版社,2008.

[49] 李建国,李运起.肉牛养殖手册.北京:中国农业大学出版社,2004.

[50] 李建国,等.粗料型日粮真胃灌注棕榈油对肉牛能量和蛋白质转化效率影响的初步研究.畜牧兽医学报,2000,31(5):385-389.

[51] 李建国,等.肉牛标准化生产技术.北京:中国农业大学出版社,2003.

[52] 李建国,等.肉牛高效育肥技术技术.石家庄:河北科学技术出版社,1998.

[53] 李建国.饲料添加剂应用技术问答.北京:中国农业出版社,2001.

[54] 李建军,等.反刍动物高能添加剂—脂肪酸钙研究进展.中国畜牧兽医杂志,2000,27(2):14-16.

[55] 李琍,丁角立.瘤胃微生物的肽营养.中国畜牧杂志,1999,35(2):54.

[56] 李胜利,冯仰廉.养牛科学研究进展.北京:中国农业科学技术出版社,1998.

[57] 李傃东,等.浅谈养殖场粪污处理设备.机械研究与应用.2010(5):129-130.

[58] 李英,桑润滋.现代化肉牛产业化生产.石家庄:河北科学技术出版社,2000.

[59] 李英,等.河北饲料区划与开发.石家庄:河北科学技术出版社,1994.

[60] 李勇钢,等.犊牛直线育肥技术.黄牛杂志,1999(1):60.

[61] 李震钟.畜牧场生产工艺与畜舍设计.北京:中国农业出版社,2000.
[62] 廖新俤,等.家畜生态学.北京:中国农业出版社,2009.
[63] 刘基伟,等.牛粪的污染与处理.黑龙江农业科学,2010(11):82-84.
[64] 刘继军,等.畜牧场规划设计.北京:中国农业出版社,2008.
[65] 刘汀.畜牧养殖业污染分析与清洁生产技术研究.能源与环境,2009(1):69-71.
[66] 刘薇,等.北京市奶牛养殖结构及粪污处理现状分析.北京农业,2011(36):74-76.
[67] 柳春铃.沼液利用技术综述.现代化农业,2012(5):44-45.
[68] 柳楠,等.牛羊饲料配制和使用技术.北京:中国农业出版社,2003.
[69] 卢德勋.反刍动物营养调控理论及其应用.内蒙古畜牧科学特刊,1993.
[70] 栾冬梅,等.黑龙江省不同类型肉牛舍冬季环境的研究.东北农业大学学报,2011(6):66-70.
[71] 满红.牛场的粪污处理与利用.四川畜牧兽医,2012(2):40.
[72] 缪应庭.饲料生产学(北方本).北京:中国农业科学技术出版社,1993.
[73] 内蒙古农牧学院.牧草及饲料作物栽培学.2版.北京:中国农业出版社,1990.
[74] 南京农学院.饲料生产学.北京:农业出版社,1980.
[75] 倪有煌.兽医内科学.北京:中国农业出版社,1996.
[76] 潘宝海,等.饲用酶制剂的应用研究进展.中国饲料,2001(18):18-20.
[77] 齐德生,等.膨润土在饲料生产中的应用及存在问题.饲料工业,2002,23(14):25-27.

[78] 钱凤芹,党佩珍. 马牛羊病防治问答. 石家庄:河北科学技术出版社,1995.
[79] 钱靖华,等. 牛场沼气工程设计中的关键问题研究. 中国沼气. 2009(1):20-23.
[80] 邱怀. 牛生产学. 北京:中国农业出版社,1995.
[81] 邱怀. 现代肉牛生产及产品加工. 西安:陕西科学技术出版社,1995.
[82] 荣玲. 浅谈养牛场粪污的无害化处理与资源化利用. 江西畜牧兽医杂志,2011(6):24-26.
[83] 桑润兹,等. 优质高效肉牛生产及产品加工. 北京:中国农业科学技术出版社,2000.
[84] 桑润滋,等. 黑白花奶牛胚胎移植黄牛试验. 中国畜牧杂志,1987(1):34.
[85] 桑润滋. 动物繁殖生物技术. 北京:中国农业出版社,2002.
[86] 沙长青,等. 沼气发酵产生的沼渣、沼液处理技术研究. 黑龙江科学,2010(1):1-5.
[87] 帅丽芳,等. 微生态制剂对反刍动物消化系统的调控作用. 中国饲料,2002(9):16-17.
[88] 苏纯阳,等. 微量元素氨基酸(小肽)螯合物的研究进展. 饲料工业,2002,23(1):15-18.
[89] 孙维斌. 国外引进的肉牛品种简介. 黄牛杂志,2002(3):65.
[90] 汪耳洲,等. 牛场沼气发酵技术与产品利用. 中国奶牛,2011(22):61-63.
[91] 王根林. 养牛学. 北京:中国农业出版社,2000.
[92] 王恒,刘润铮. 实用家畜繁殖学. 长春:吉林科学技术出版社,1993.
[93] 王加启. 肉牛的饲料与饲养. 北京:科学技术文献出版社,2002.

[94] 王建华. 兽医内科学. 4 版. 北京:中国农业出版社,2010.
[95] 王清义,等. 中国现代畜牧业生态学. 北京:中国农业出版社,2008.
[96] 王全军,等. 低聚糖在动物饲养中的应用. 中国饲料,2000(16):15-17.
[97] 王思珍,等. 北纬 43°地区日光暖棚牛舍的设计及其环境评价. 中国畜牧,2006(17):54-56.
[98] 王钟建. 反刍动物尿素饲用技术研究. 中国饲料,1996(16):8-10.
[99] 魏玉明,等. 中小型奶牛场奶牛粪便两种处理模式效果分析. 甘肃科技,2009(16):40-41.
[100] 吴乃科,等. 优质高档牛肉规范化生产技术规程. 黄牛杂志,2002(1):52.
[101] 肖文一,陈德新,吴渠来. 饲用植物栽培与利用. 北京:中国农业出版社,1991.
[102] 邢廷铣. 农作物秸秆饲料加工与应用. 北京:金盾出版社,2000.
[103] 邢廷铣. 农作物秸秆营养价值及其利用. 长沙:湖南科学技术出版社,1995.
[104] 徐丹. 畜禽标准化规模养殖场建设(连载四)粪污无害化处理(下). 湖南农业,2012(4):19.
[105] 徐学明. 微量元素氨基酸络合物的特点与应用. 中国饲料,2000(19):20-21.
[106] 许尚忠,等. 肉牛高效生产实用技术. 北京:中国农业出版社,2002.
[107] 宣长和,等. 当代牛病诊疗图说. 北京:科学技术文献出版社,2002.
[108] 杨凤. 动物营养学. 北京:中国农业出版社,1993.

[109] 杨文章,等.肉牛养殖综合配套技术.北京:中国农业出版社,2002.
[110] 杨效民.我国牛胚胎工程技术研究与应用进展.黄牛杂志,2003(2):40.
[111] 姚军虎.育肥牛日粮结构及饲喂技术研究进展.黄牛杂志,1998(1):26.
[112] 俞美子,等.畜牧场规划与设计.北京:化学工业出版社,2011.
[113] 原积友,等.如何生产无公害牛肉.黄牛杂志,2003(4):39.
[114] 岳文斌,等.高档肉牛生产大全.北京:中国农业出版社,2003.
[115] 昝林森.肉牛饲养技术手册.北京:中国农业出版社,2000.
[116] 张嘉保,周虚.动物繁殖学.长春:吉林科学技术出版社,1999.
[117] 张坚中,徐铁铮.家畜冷冻精液.北京:中国农业科技出版社,1988.
[118] 张力,郑中朝.饲料添加剂手册.北京:化学工业出版社,2000.
[119] 张壬午,等.农业生态工程技术.郑州:河南科学技术出版社,2000.
[120] 张玉茹,等.肉牛舍的标准化设计及环境控制.云南畜牧兽医,2007(3):23-26.
[121] 张振兴,姜平.兽医消毒学.北京:中国农业出版社,2010.
[122] 张忠诚,等.家畜繁殖学.3版.北京:中国农业出版社,2000.
[123] 赵西莲,等.如何生产无公害牛肉.黄牛杂志,2003(6):52.
[124] 甄玉国,等.反刍动物氨基酸营养研究进展.饲料工业,2001(7):16.

[125] 中国农业科学院畜牧研究所,等.中国饲料成分及营养价值表.北京:农业出版社,1985.
[126] 中华人民共和国农业行业标准.无公害食品　畜禽饮用水水质.北京:中国标准出版社,2008.
[127] 中华人民共和国农业行业标准.无公害食品.北京:中国标准出版社,2001.
[128] 中华人民共和国农业行业标准.无公害食品.北京:中国标准出版社,2002.
[129] 中华人民共和国国家标准(GB/T 19630.1—2011).有机产品第1部分:生产.中华人民共和国国家质量监督检验检疫总局、中国国家标准化管理委员会发布.
[130] 周元军,等.架子牛的快速育肥.黄牛杂志,2003(4):61.
[131] 周自永.新编常用药物手册.北京:金盾出版社,1987.
[132] 朱延旭.优质肉牛肥育技术.辽宁畜牧兽医,2002(1):6-7.